VERTEILUNG DER HYDRAULISCHEN ENERGIE BEI EINEM LOTRECHTEN ABSTURZ

Theoretische und experimentelle Untersuchungen
der Wirkung gekrümmter Strombahnen, ausgeführt
im Flußbaulaboratorium der Technischen Hochschule
zu Karlsruhe

Von

Dr.-Ing. HUNTER ROUSE

Master of Science
Massachusetts Institute of Technology

Mit 20 Abbildungen und 3 Plänen

MÜNCHEN UND BERLIN 1933
VERLAG VON R. OLDENBOURG

DRUCK VON R. OLDENBOURG, MÜNCHEN UND BERLIN

Vorwort.

Allen, die es mir in freundlicher Weise möglich gemacht haben, die theoretischen und experimentellen Untersuchungen dieser Doktorarbeit durchzuführen, sei an dieser Stelle mein aufrichtigster Dank ausgesprochen: Vor allem Herrn Geheimrat Prof. Dr.-Ing. Theodor Rehbock, der ein lebhaftes Interesse an dem Fortschritt meiner Arbeiten zeigte und mir während der Ausführung meiner Versuche in seinem Laboratorium eine hydraulische Versuchsrinne mit allen zugehörigen Meßgeräten zur freien Verfügung überließ; Herrn Prof. Dr.-Ing. Paul Böß für seine wertvolle Unterstützung und Anregung während der ganzen Ausarbeitung dieser Untersuchungen; Herrn Regierungsbaumeister Dr.-Ing. Fr. Eisner, Berlin, und Herrn Prof. W. Spannhake für ihre anregenden Kritiken an meiner theoretischen Behandlung des Problems und Herrn Regierungsbaumeister R. Hoffmann, der mir bei der endgültigen Fertigstellung des Manuskriptes behilflich war.

Zu besonderer Dankbarkeit bin ich den leider inzwischen verstorbenen Herren Dr. S. W. Stratton vom Massachusetts Institute of Technology und Dr.-Ing. John R. Freeman aus Providence, Rhode Island, verbunden, die es mir während einer Zeitdauer von zwei Jahren ermöglichten, das wasserbauliche Versuchswesen in Deutschland zu studieren.

Hunter Rouse.

Inhaltsverzeichnis.

Erklärung der allgemein verwandten Buchstabenbezeichnungen.

Q Durchflußmenge.

S Stützkraft an irgendeinem normalen Stromquerschnitte, gleich der Summe $P + K$ oder $D - Z + K$.

P Gesamter vorhandener Druck in einem Querschnitt entsprechend den gemessenen Druckhöhen.

D Statischer Druck in einem Querschnitt.

Z Gesamter „Unter- oder Überdruck" in einem Querschnitt infolge der sogenannten Zusatzspannung, gleich $D - P$.

K Stützkraftanteil infolge der Bewegungskraft.

P_b Gesamter Bodendruck zwischen zwei Querschnitten.

> Die obigen Werte beziehen sich im allgemeinen auf den vollen Querschnitt, während sie in dieser Abhandlung für die Einheit der Breite der Gerinnesohle benutzt werden sollen.

H Höhe der Energielinie über einer angenommenen Grundlinie, wobei $H = h + \dfrac{p}{\gamma} + \dfrac{v^2}{2g}$.

t Lotrechte Tiefe des Wasserstromes zwischen oberer und unterer Begrenzungsfläche. Bei Betrachtung eines Wasserteilchens die Tiefe unter der Oberfläche.

y Lotrechte Höhe eines Wasserteilchens über der unteren Begrenzungsfläche des Wasserstromes.

h Höhe eines Wasserteilchens über einer angenommenen Grundlinie.

n Länge einer die Stromlinien rechtwinklig schneidenden Trajektorie.

b Breite des Gerinnes. In dieser Abhandlung $b = 1$.

$\dfrac{p}{\gamma}$ Gesamtdruckhöhe (unmittelbar am Piezometerrohr abgelesen).

$\dfrac{z}{\gamma}$ Sogenannte Zusatzspannungshöhe, gleich $t - \dfrac{p}{\gamma}$.

$\dfrac{p_b}{\gamma}$ Druckhöhe an der Sohle.

v Geschwindigkeit eines Wasserteilchens. v_o, v_u, v_m obere, untere und mittlere Geschwindigkeit in einem Querschnitt.

k Geschwindigkeitshöhe, gleich $\dfrac{v^2}{2g}$.

γ Spezifisches Gewicht des Wassers in kg/m³.

g Erdbeschleunigung $= 9,81$ m/s².

m Wassermasse, die die Einheit des Querschnittes in der Sekunde durchströmt.

Gr Index bei geradliniger Strömung für die Werte im kritischen Querschnitt, wo $v_m = \sqrt{g\,t}$.

A. Theoretische Behandlung der Druckverteilung beim Abfluß mit gekrümmten Strombahnen.

I. Überblick über die bisherige Art der Betrachtung des Abflusses mit gekrümmten Strombahnen.

Wenn man die Reibung vernachlässigt, so ist jede Strömung, die aus der Ruhe heraus unter der Einwirkung der Schwerkraft entsteht, als eine Potentialströmung zu behandeln. Wenn sie außerdem eine ebene (zweidimensionale) Strömung ist, so können alle für diesen Idealfall ausgearbeiteten graphischen oder rechnerischen Methoden auf sie angewandt werden. Von den rechnerischen käme insbesondere die Theorie der komplexen Funktionen in Frage (siehe z. B. die von Misessche Behandlung des Überfalles)[1].

Die Anwendung dieser Methoden erfordert in jedem Falle die Kenntnis der Randbedingungen. Unter diesen sind im vorliegenden Falle nicht nur kinematische (geometrische), sondern auch rein dynamische enthalten. Außer der geometrisch durch die Gerinnesohle festliegenden Begrenzung existieren nämlich mindestens eine, im Spezialfalle des freien Absturzes zwei freie Grenzflächen, deren Form man erst durch die Lösung mitbestimmen muß und von denen man zunächst weiter nichts weiß, als daß auf ihnen der Druck konstant ist (dynamische Grenzbedingung). Das Vorhandensein von freien Grenzflächen macht die Aufgabe besonders kompliziert.

Eine solche Lösung erfordert offenbar viel Mühe und Zeit. Ihre schließlich erreichbare theoretische Genauigkeit hängt bei Benutzung einer graphischen Methode von den Grenzen der zeichnerischen Genauigkeit und davon ab, wie oft die Berichtigung wiederholt wird. Die Ergebnisse aber bedürfen trotz aller theoretischen Strenge der Methode der Nachprüfung durch den Versuch, da ja die gemachten Voraussetzungen in Wirklichkeit nicht zutreffen. Dabei ergibt sich häufig eine verblüffende Übereinstimmung zwischen Theorie und Versuch.

Die sorgfältige experimentelle Erforschung der im offenen Gerinne durch gekrümmte Stromfäden hervorgerufenen Druck- und Geschwindigkeitsänderungen ist bisher noch recht unvollkommen, so daß noch fast keine praktischen Ergebnisse über die Übereinstimmung der theoretisch ermittelten Größen mit dem wirklichen Bewegungsvorgang bekannt sind.

Bazin[2] war einer der ersten, der es unternahm, die Energieverteilung im frei fallenden Wasserstrahl zu messen und die Ergebnisse seiner Messungen dazu zu benutzen, die Anwendbarkeit des Bernoullischen Theorems nachzuprüfen. In Koch-Carstanjens „Bewegung des Wassers"[3] ist eine theoretische Grundlage zur Berechnung der im allgemeinen Fall auftretenden Kräfte gegeben, aber nur mit wenigen Anwendungen auf praktische Beispiele. Bei mehreren Beispielen sind nur die Sohlendrücke angegeben, die in Kochs Laboratorium gemessen wurden. Lediglich für das scharfkantige Wehr wurde die Druckverteilung zwischen der Wehrscheide und der Wasseroberfläche bestimmt.

---

[1] von Mises, „Berechnung von Ausfluß- und Überfallzahlen". Zeitschrift des VDI, Mai 1917, Berlin.

[2] Bazin, „Ecoulement en Déversoir". Annales des Ponts et Chaussées, 1890, Bd. XIX.

[3] Koch-Carstanjen, „Von der Bewegung des Wassers und den dabei auftretenden Kräften". Berlin, Julius Springer, 1926.

Böß[4]) entwickelte im Jahre 1929 eine Gleichung für die Beziehung zwischen Wassertiefe und Unterdruck beim Überströmen des Wassers über Abstürze verschiedener Form, wobei er zur Vereinfachung der theoretischen Behandlung oberhalb der Absturzkante eine lineare Druckverteilung zwischen Oberfläche und Sohle annahm, die für die untersuchten Fälle auch mit genügender Genauigkeit zutraf, wie die gute Übereinstimmung zwischen dem Ergebnis der Versuche und den ermittelten Gleichungen bewies.

Auch R. Ehrenberger[5]), der Leiter der Versuchsanstalt für Wasserbau in Wien, der sich auf die von Michitaro Hasumi, Professor an der kaiserlichen Universität in Fukuoka, Japan, ausgeführten Versuche stützte, fand oberhalb des eigentlichen Absturzes eine geradlinige Druckverteilung.

Theoretische Überlegungen führten den Verfasser zu der Vermutung, daß die durch die Krümmung beeinflußte Druckänderung im allgemeinen nicht nach einer geraden Linie verläuft, sondern insbesonders bei starker Krümmung der Stromfäden beträchtlich davon abweicht. Diese Überlegungen gründen sich auf Kochs sogenanntes Stützkraftgesetz (das in Wirklichkeit der übliche Impulssatz ist) in seiner ursprünglichen allgemeinen Form und führen, wie im folgenden gezeigt wird, zu einer brauchbaren Formel.

II. Anwendung des Kochschen Stützkraftgesetzes.

1. Weitere Entwicklung des allgemeinen Gesetzes.

Kurz gesagt ist die Stützkraft der Momentan-Druck, der auf die Oberwasserseite einer plötzlich quer zum Wasserstrom gestellten Scheibe im Augenblick des Einsetzens wirken würde, d. h. der gesamte Druck von Gewicht, „Zusatzspannung" und Impuls des Wassers. Mathematisch ausgedrückt:

$$(1) \quad S = D_n - Z_u + K_u = \gamma\, b \int_0^n t\, dn - b \int_0^n z\, dn + b \int_0^n m\, v\, dn = P_n + K_u = b \int_0^n p\, dn + b \int_0^n m\, v\, dn.$$

(Die Integrale sind vektoriell zu nehmen.) Dieser Ausdruck enthält die Werte, die für den ganzen Querschnitt von der Breite b gelten. Zur Vereinfachung und zur leichteren Übersicht soll jedoch für die weiteren Betrachtungen die Einheit der Breite des Gerinnes zugrunde gelegt werden, d. h. b wird für die Folge gleich 1 gesetzt.

Die nachstehende Formel für die Stützkraft hat sich besonders in den Fällen als brauchbar erwiesen, in denen man zwei von der Krümmung unbeeinflußte Querschnitte vergleichen kann, z. B. beim Wechselsprung über einer ebenen Sohle. Hier sind die Orthogonaltrajektorien vertikal und daher ist $n - t$. Die Stützkraft S erhält dabei die Größe:

$$(2) \quad S = \frac{\gamma\, t^2}{2} + 2\, \alpha_u\, \gamma\, t\, \frac{v_m^2}{2g} = \frac{\gamma\, t^2}{2} + 2\, \gamma\, t\, k\ [6])\ [7]).$$

Auch im allgemeinen Fall des Abflusses mit gekrümmten Stromfäden wird n gewöhnlich gleich t gesetzt, obgleich man im Anschluß an die Kochsche Aussage n in Wirklichkeit als die Länge

[4]) P. Böß, „Berechnung der Abflußmengen und der Wasserspiegellage bei Abstürzen und Schwellen unter besonderer Berücksichtigung der dabei auftretenden Zusatzspannungen". Wasserkraft und Wasserwirtschaft, 1929, Heft 2—3.

[5]) R. Ehrenberger, „Versuche über die Verteilung der Drücke an Wehrrücken infolge des abstürzenden Wassers". Die Wasserwirtschaft, 1929, Heft 5.

[6]) α_u ist der Geschwindigkeitshöhen-Ausgleichswert (s. Th. Rehbock, „Die Bestimmung der Energielinie bei fließenden Gewässern mit Hilfe des Geschwindigkeitshöhen-Ausgleichswertes", Der Bauingenieur, 1922, Heft 15). Sein Kleinstwert beträgt nach bisherigen Messungen etwa 1,006 für sehr glatte Versuchsrinnen, während er für große Ströme im Mittel bis auf 1,20 anwächst. Der Wert darf aber nur verwendet werden, wo die Druckhöhe überall gleich der Tiefe unter der Oberfläche ist, so daß die Energielinienhöhe die Größe $H - t + \alpha_u\, v_m^2/2g$ besitzt. Dieser Wert ist daher für die weiteren sich mit den „Zusatzspannungen" befassenden Untersuchungen nicht ohne weiteres zutreffend, wie später ausführlich gezeigt wird.

[7]) Th. Rehbock, „Die Verhütung schädlicher Kolke bei Sturzbetten". Der Bauingenieur, 1928. — Th. Musterle, „Die Stützkraft und ihre Anwendung zur Berechnung von Staukurven". Die Wasserwirtschaft, 1929, Heft 6—7.

einer zwischen der Sohle und der Oberfläche verlaufenden Kurve zu berechnen hat, die in jedem Punkte einen rechten Winkel mit der Strömungsrichtung bildet. Daher wird im allgemeinen Fall die oben betrachtete, plötzlich in den Strom einzusetzende Scheibe eine solche Form haben müssen, daß sie zu allen Stromlinien rechtwinklig steht. Es wird sich demnach im allgemeinen um eine gekrümmte Fläche handeln, die nur bei parallelem Strömungsverlauf in eine Ebene übergeht.

Da es praktisch einfacher ist, die Wassertiefe in der Lotrechten zu messen, ist die Länge der wirklichen Tiefenkurve n durch eine Näherungsmethode auf einen Äquivalentwert t zu reduzieren. Die Kurve soll zunächst als eine gerade unter dem Winkel α gegen die Lotrechte in ihrem tiefsten Punkte gerichtete Linie betrachtet werden. Die weitere Annäherung kann hiervon schrittweise abgeleitet werden.

Das Dreieck $a_n b c_n$ in Abb. 1 gibt pro Einheit der Gerinnebreite die in einem bestimmten Querschnitt des Wasserstromes über die ganze Tiefe n_0 wirksame Kraft an, soweit sie vom Gewicht des Wassers herrührt. Dabei ist der Querschnitt streng

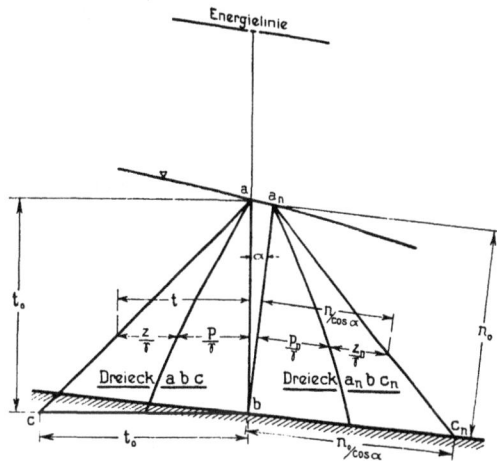

Abb. 1. Druckverhältnisse zwischen einem vertikal und einem normal zur Stromrichtung gelegten Querschnitte.

genommen rechtwinklig zur Strömung zu messen. Er kann aber näherungsweise zunächst durch einen ebenen, unter einem gewissen Winkel α geneigten Schnitt ersetzt werden. Nach Koch wird diese Kraft jedoch verkleinert (oder vergrößert) durch den veränderlichen Unterdruck z_n (oder Überdruck $- z_n$). Daher lautet die Gleichung für den auftretenden Gesamtdruck im ganzen Querschnitt:

$$(3) \qquad P_n = D_n - Z_n = \gamma \frac{n\,t}{2} - \int_0^n z\,d\,n.$$

Entsprechend läßt sich in bezug auf den Vertikalschnitt folgende Gleichung aufstellen:

$$(4) \qquad P = D - Z = \gamma \frac{t^2}{2} - \int_0^n z\,d\,t.$$

Da nun der Druck an jeder Stelle nach allen Richtungen gleich ist, sind die Werte $\frac{p_n}{\gamma}$ bzw. $\frac{z_n}{\gamma}$ für jeden Punkt gleich $\frac{p}{\gamma}$ bzw. $\frac{z}{\gamma}$, und die lotrecht gemessene Tiefe unter dem Wasserspiegel ist an dieser Stelle

$$t = \frac{n}{\cos \alpha}.$$

Daher ist:

$$(5) \qquad P_n = \gamma \frac{t^2}{2} \cos \alpha - \int_0^{t\cos\alpha} z\,d\,t = P \cos \alpha.$$

Die in der Abweichung der beiden Tiefenlinien beruhende Ungenauigkeit bei dieser Näherung kann praktisch außer acht gelassen werden, wenn man sich die Linie n durch Aneinandersetzen kleiner, auf die Linie t gelegter Strecken zusammengesetzt denkt (s. Abb. 2). Der Winkel α ist dann ein Durchschnittswert. Diese Substitution ruft aber noch eine Druckkomponente hervor von der Größe $P \cdot \sin \alpha$ mit einer Wirkung quer zur Stromrichtung (s. Abb. 2).

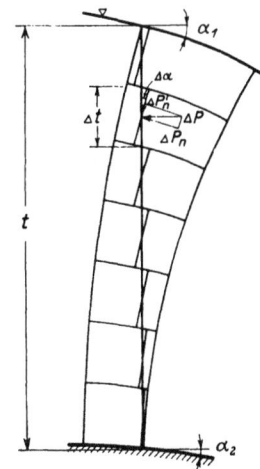

Abb. 2.
Darstellung der annähernden Genauigkeit der Gleichungen:
$t \cdot \sin \alpha = \Sigma\,(\varDelta\,t \cdot \sin \varDelta\,\alpha)$
$t \cdot \cos \alpha = \Sigma\,(\varDelta\,t \cdot \cos \varDelta\,\alpha),$
wo $\alpha = \dfrac{\alpha_1 + \alpha_2}{2}$
$\varDelta\,P = \sqrt{\varDelta\,P_n'^2 + \varDelta\,P_n^2}.$

Wird daher die gesamte Stützkraft durch die Größen im Vertikalschnitte ausgedrückt, so entsteht die Formel (6), worin S_s die Komponente in der Richtung der Strömung und S_n die Komponente normal zur Strömung sind:

(6) $$S_s = P \cos \alpha + 2\gamma t k \cos \alpha \quad \text{und} \quad S_n = P \sin \alpha.$$

Mit

$$k = \frac{v_m{}^2}{2g} = \frac{Q^2}{2g\,n^2} = \frac{Q^2}{2g\,t^2 \cos^2 \alpha}$$

geht Gleichung (6) über in:

(7) $$S_s = P \cos \alpha + \frac{\gamma Q^2}{t\,g\,\cos \alpha} \quad \text{und} \quad S_n = P \sin \alpha.$$

Das Kochsche Stützkraftgesetz besagt: ,,In einem durch zwei Normalschnitte begrenzten Stromabschnitt stehen die Stützkräfte im Gleichgewicht mit Eigengewicht, Wanddrücken und Reibungswiderstand.'' Mit anderen Worten: die Summe der horizontalen Komponenten all dieser Kräfte ist gleich Null und ebenso die Summe der vertikalen Komponenten.

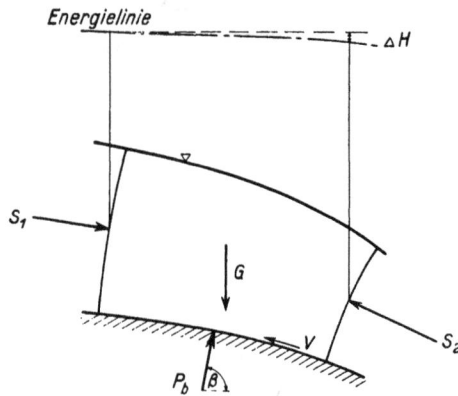

Abb. 3. Kraftwirkung auf einen isolierten Teil des Stromes.

Unter der Annahme eines Gerinnes mit gleichbleibender Breite ist also:

$$\Sigma X = 0 = \Sigma Y.$$

Daraus folgt:

(8) $$S_{1_x} - S_{2_x} + P_{b_x} - V_x = 0 = S_{1_y} - S_{2_y} + G - P_{b_y} - V_y,$$

worin V die dem Energieverlust zwischen den Querschnitten entsprechende Kraft ist und die Indizes 1 und 2 sich auf oberen und unteren Schnitt durch den Wasserstrom beziehen. Eine übersichtliche Darstellung der Kräfte zeigt die schematische Skizze in Abb. 3.

Die Werte P_b und G sind Funktionen, die noch immer zu verwickelt sind, um irgendwie kurz formuliert werden zu können. V kann dagegen durch die Abnahme ΔH der Höhe der Energielinie zwischen den beiden Vertikalschnitten ausgedrückt werden.

Auch bei einem Abflußvorgang, bei dem die Krümmung der Stromfäden eine von der Tiefe unter der Oberfläche abweichende Druckhöhe verursacht, kann die Höhe der Energielinie für einen beliebigen Punkt des Querschnittes angegeben werden zu:

$$H = h + \frac{p}{\gamma} + \frac{v_m{}^2}{2g}$$

und die mittlere Höhe über der Sohle für den ganzen Vertikalschnitt zu:

$$H_m = \frac{1}{t} \int_0^t \left(y + \frac{p}{\gamma} + \frac{v^2}{2g} \right) dy = \frac{t}{2} + \frac{P}{\gamma t} + \frac{v_m{}^2}{2g} \quad \text{(s. S. 12).}$$

Bei gleichbleibender Durchflußmenge und horizontaler Sohle für eine beliebige Tiefe t kann der Reibungsverlust mit dem Durchschnittswert der Druckhöhe $\dfrac{P}{\gamma t}$ ausgedrückt werden, folglich:

$$\Delta H = \frac{\Delta P}{\gamma t} \quad \text{und} \quad \Delta P = \gamma t \Delta H.$$

Entsprechend gilt für die Stützkraft bei konstantem Durchfluß und der gegebenen Tiefe t:

$$S_x = P + \frac{\gamma Q^2}{g t}.$$

Die Stützkraft wird sich also mit dem Gesamtdruck P ändern. Daher beträgt der durch die lotrechte Tiefe t ausgedrückte Verlust an Stützkraft, der dem Reibungswiderstand zuzuschreiben ist:

(9)
$$\Delta S_x = V_x = \Delta P = \gamma t \Delta H.$$

Die Kurven an den beiden Enden des abgeschnittenen Teiles des Wasserstromes in Abb. 3 können jetzt durch die Vertikale ersetzt werden. Durch Einsetzung von Gleichung (7) in Gleichung (8) erhält man:

(10a)
$$P_1 + \frac{\gamma Q^2}{g\, t_1} - P_2 - \frac{\gamma Q^2}{g\, t_2} + \Sigma\, (p_b \cos \beta) - V_x = 0$$

(10b)
$$\frac{\gamma Q^2 \operatorname{tg} \alpha_1}{g\, t_1} - \frac{\gamma Q^2 \operatorname{tg} \alpha}{g\, t_2} + G - \Sigma\, (p_b \sin \beta) - V_y = 0.$$

Gleichungen (10a) und (10b) können ganz allgemein auf den Abfluß zwischen parallelen Wänden Anwendung finden und bei genauer Beachtung des Wertes b bei veränderlicher Breite auf alle Fälle ausgedehnt werden. P_b enthält nicht nur den Sohlendruck, sondern auch den Druck auf quer zum Strom stehende Wandflächen. Es ist hier angenommen, daß die Komponenten der Druckwirkungen auf die Seitenwände, soweit sie quer zur Stromrichtung stehen, sich gegenseitig aufheben, so daß das Problem zweidimensional bleibt. Sowohl Gleichung (10a) wie (10b) können zur Lösung des Problems benutzt werden. Da aber der Wert G nur in (10b) erscheint und P nur in (10a), wird der Gebrauch von (10a) gewöhnlich bevorzugt.

Der bei gekrümmten Stromfäden entstehende Unter- oder Überdruck stellt sich für alle praktischen Fälle ein, nachdem das Wasser den kritischen Querschnitt passiert hat. Dies ist streng genommen nicht richtig, denn infolge der Reibungsverluste beginnt die Senkungskurve wahrscheinlich schon etwas oberhalb des kritischen Querschnittes. Für eine reibungslose Flüssigkeit würde die Grenztiefe unendlich weit stromaufwärts von der Querschnittsänderung liegen. Formel (10a) kann daher vereinfacht werden durch die Annahme, daß der erste Schnitt an der kritischen Stelle liegt, wo alle Werte bekannt sind, wenn zuvor der Durchfluß auf die Einheit der Breite des Gerinnes bestimmt wurde. Da also in diesem Schnitt:

$$t_{Gr} = \frac{2}{3} H_{Gr} = 2\, k_{Gr}$$

erhält man für die Stützkraft in diesem Schnitt:

$$S_{Gr} = \frac{\gamma\, t_{Gr}{}^2}{2} + 2\, \gamma\, t_{Gr}\, k_{Gr} = \frac{2}{3}\, \gamma\, H_{Gr}{}^2$$

und H_{Gr} kann ermittelt werden aus:

$$H_{Gr} = \frac{3}{2} \sqrt[3]{\frac{Q^2}{g}}.$$

2. Anwendung auf den einfachen Absturz.

a) Ermittlung des Gesamtdruckes in einem Querschnitte.

Für die experimentelle Überprüfung der Formel (10) wurde eine einfache Form des Abflusses in gekrümmter Bahn ausgewählt, indem ein Wasserstrom durch eine praktisch unbegrenzt lange Rinne mit waagerechter Sohle geleitet wurde, an die sich ein lotrechter Abfall scharfkantig anschließt. Der zwischen lotrechten Begrenzungen frei abfallende Strahl wurde voll belüftet. Es wurde der größte Abfluß ausgewählt, der bei der vorhandenen Gerinneausbildung mit Rücksicht auf die Versuchsgenauigkeit noch praktisch möglich war. Für die so ausgewählte Abflußmenge von 125 l/s/lfd. m wurde das Längsprofil der Wasseroberfläche von einer 1,5 m oberhalb der Absturzecke gelegenen Stelle aus bis in den Abfallstrahl hinein gemessen und auf Millimeterpapier aufgetragen. Hieraus wurden die Werte der Wassertiefe, die durchschnittliche Neigung der Stromlinien in den Querschnitten und der Abfall der Energielinie entnommen. Da der zuletzt genannte Wert ohne Kenntnis der gemessenen Druckverteilung nur oberhalb des kritischen Querschnittes berechnet werden konnte, wurde angenommen, daß das relative Energieliniengefälle $\Delta H : l$ von dieser Stelle aus abwärts bis zum Ende der waagerechten Sohle das gleiche bleibt und weiterhin im frei fallenden Strahl auf die Hälfte abnimmt (vgl. Tabelle I).

Da der Bodendruck lotrecht wirkt, nimmt Formel (10a) folgende sehr vereinfachte Form an:

$$(12) \qquad \frac{P}{\gamma} = \frac{2}{3} H_{cr}^2 - \frac{Q^2}{t\,g} - t\,\Delta H.$$

Hier ist auf Berücksichtigung der ungleichförmigen Geschwindigkeitsverteilung verzichtet (Fußnote 6).

In Tabelle I sind schrittweise die durch Anwendung dieser Formel auf die verschiedenen Stellen vom kritischen Querschnitt bis in den abfallenden Strahl erhaltenen Werte eingetragen

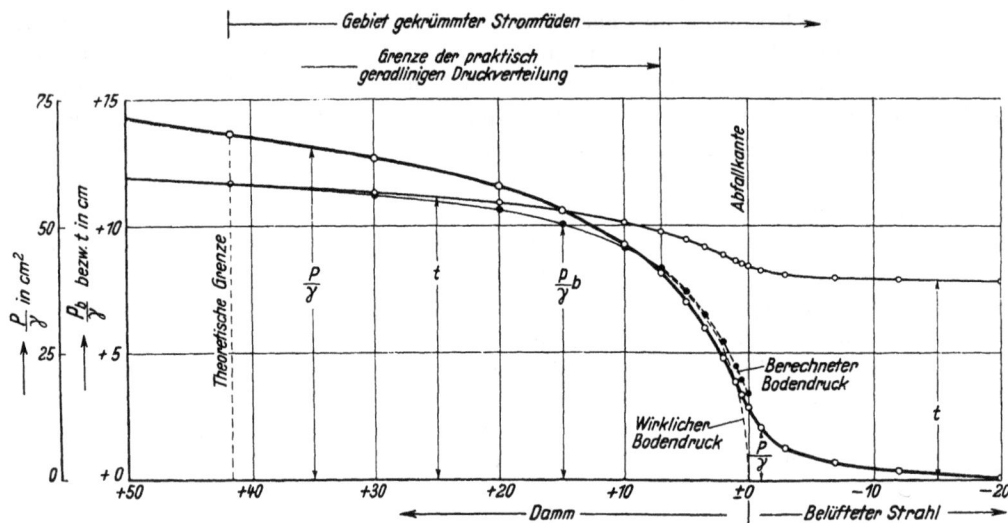

Abb. 4. Darstellung der Beziehung zwischen der lotrecht gemessenen Strahlstärke t und den berechneten Werten $\dfrac{P}{\gamma}$ und $\dfrac{p_b}{\gamma}$.

und die so gefundenen Inhalte der Druckflächen $\dfrac{P}{\gamma}$ in Abb. 4 dargestellt. Zu beachten ist, daß eine geringe Ungenauigkeit in der Tiefenangabe auf die Größe des Flächeninhaltes in der Gegend des Abfalles von großem Einfluß ist. Das gleiche gilt auch für den angenommenen Energieverlust[8]).

Wenn die Druckverteilung in der Lotrechten unter jeder Bedingung nach einer geraden Linie verläuft, dann könnte jeder Flächeninhalt durch die halbe Tiefe dividiert werden, um den resultierenden Druck auf den Boden zu erhalten. Diese Untersuchung ist ebenfalls in Tabelle I vom kritischen Querschnitt abwärts bis zur Absturzecke durchgeführt, wo der Bodendruck gleich Null werden muß. Der resultierende Bodendruck ist ebenfalls in Abb. 4 dargestellt. Man erkennt ohne weiteres, daß

---

[8]) Ein anderer Ausdruck für P kann folgendermaßen aus der theoretischen Energielinienhöhe abgeleitet werden:

$$H = \frac{t}{2} + \frac{P}{\gamma\,t} + \frac{Q^2}{2\,g\,t^2 \cos^2\alpha}$$

$$\frac{P}{\gamma} = t\,H - \frac{t^2}{2} - \frac{Q^2}{2\,g\,t \cos^2\alpha}.$$

Hierin ist H die Höhe der Energielinie über dem untersten Punkte des betrachteten Schnittes. Daß diese Formel gleich Formel (12) ist, ist sehr schwer mathematisch zu beweisen. Jedoch durch Einsetzen der in Tabelle I gegebenen Werte liefert sie fast genau dieselben Werte bis zur Krone, von wo aus diese allmählich etwas kleiner werden als diejenigen nach Formel (12). Formel (12) hat sich für den Gebrauch als praktischer erwiesen.

die Kurve die offensichtlich falsche Bodendruckgröße von 3,42 cm an der Abfallkante erreicht, statt auf Null herunterzugehen. Mit anderen Worten, die lineare Druckverteilung darf in der Nähe der Abfallkante nicht mehr angenommen werden.

Unter der Annahme, daß die geradlinige Verteilung bis kurz vor die Abfallkante Gültigkeit hat, kann man eine wahrscheinliche Kurve des Bodendruckes ungefähr nach Gefühl eintragen. Eine merkbare Abweichung von dem berechneten Wert dürfte etwa bei Querschnitt $+ 7$ beginnen. Dadurch wird die Konstruktion aller Dreiecke stromaufwärts von dieser Stelle möglich, wobei also die Druckverteilung im Gebiete der letzten 7 cm der horizontalen Sohle noch unbestimmt ist.

Formel (10b) gestattet eine andere, wenn auch weniger geeignete Methode zur Berechnung des Sohlendruckes. Für ein Grundwehr mit waagerechter Sohle vereinfacht sich diese Formel zu:

$$\frac{G - P_b}{\gamma} = \frac{Q^2 \, \mathrm{tg} \, \alpha}{g \, t},$$

worin $\dfrac{G - P_b}{\gamma}$ den Flächeninhalt zwischen der Wasseroberfläche und der Sohlendruckkurve in Abb. 4 bezeichnet. Dieser Ausdruck wurde auf den betrachteten Fall angewendet und ergab einen Gesamtdruck über der Sohle, der kaum mehr als 1% größer war als der in der bereits beschriebenen Weise annähernd bestimmte Flächeninhalt. Mittels des obigen Ausdruckes kann die Druckverteilung durch schrittweise Berechnung des Flächeninhaltes jeweils für ein kleines Längenintervall vom kritischen Querschnitt bis zur Abfallkante hin allmählich als stetige Bodendruckhöhenkurve ermittelt werden. Der Rechnungsgang ist jedoch sehr mühsam und in diesem Falle gänzlich zwecklos, da eine viel einfachere Methode bereits vorhanden ist.

Tabelle I

Ausführung der Berechnungen nach den Formeln

$$\frac{P}{\gamma} = \frac{2}{3} H_{Gr}^2 - \frac{Q^2}{g \, t} - t \, \varDelta H \quad \text{und} \quad \frac{p_b}{\gamma} = \frac{2 \, P}{\gamma \, t}$$

$Q = 1250 \, \mathrm{cm^3/s/cm} \quad H_{Gr} = 17,52 \, \mathrm{cm}$

$\varDelta H = l \times 0,326\,\% , \quad l \times 0,163\,\%.$

1	2	3	4	5	6	7	8
Quer-schnitt	t	$\varDelta H$	$\frac{2}{3} H_{Gr}^2$	$Q^2/g\,t$	$t \varDelta H$	$\frac{P}{\gamma}$	$\frac{p_b}{\gamma}$
cm	cm	cm	cm²	cm²	cm²	cm²	cm
$+ 41,67$	11,68	—	204,6	136,4	—	68,2	11,68
$+ 30,0$	11,31	0,038	204,6	140,8	0,43	63,4	11,20
$+ 20,0$	10,91	0,071	204,6	146,0	0,78	57,8	10,61
$+ 15,0$	10,57	0,090	204,6	150,6	0,95	53,0	10,03
$+ 10,0$	10,11	0,103	204,6	157,3	1,04	46,3	9,16
$+ 7,0$	9,78	0,113	204,6	162,9	1,11	40,6	8,30
$+ 5,0$	9,45	0,120	204,6	168,5	1,13	35,0	*7,41
$+ 3,5$	9,18	0,125	204,6	173,5	1,15	29,9	*6,52
$+ 2,0$	8,88	0,130	204,6	179,4	1,15	24,0	*5,41
$+ 1,0$	8,65	0,133	204,6	184,1	1,15	19,3	*4,46
$+ 0,5$	8,53	0,134	204,6	186,7	1,14	16,8	*3,94
$\pm 0,0$	8,42	0,136	204,6	189,1	1,14	14,4	*3,42
$- 1,0$	8,25	0,138	204,6	193,1	1,14	10,4	—
$- 3,0$	8,08	0,141	204,6	197,1	1,14	6,4	—
$- 7,0$	7,97	0,147	204,6	199,8	1,17	3,6	—
$-12,0$	7,90	0,156	204,6	201,6	1,23	1,8	—
$-20,0$	7,85	0,169	204,6	203,0	1,33	0,3	—

* Weiterer Gebrauch der Gleichung $\dfrac{p_b}{\gamma} = \dfrac{2 \, P}{\gamma \, t}$ ergibt falsche Werte, da die Fläche $\dfrac{P}{\gamma}$ nicht länger angenähert ein Dreieck ist.

b) Ermittlung der Druckhöhe für jeden beliebigen Punkt.

Wenn der Abfluß überhaupt mit der üblichen Methode der Darstellung der Energiekurve, der Geschwindigkeitshöhen und der Druckverteilung in einem gegebenen Schnitt behandelt werden kann, dürfte der folgende Weg zur Bestimmung der Druckverteilungskurve geeignet sein.

Q und t sind experimentell gemessen. Aus diesen Werten können mit obigen Formeln H, v_m, $\dfrac{P}{\gamma}$ und $\dfrac{p_b}{\gamma}$ — letzteres unter der erwähnten, gefühlsmäßigen Korrektur in der Nähe der Absturzecke — bestimmt werden. In Abb. 5 sind diese Werte beispielsweise für den Schnitt $\pm 0{,}0$ dargestellt. H wird nun im ganzen Querschnitt konstant angenommen; die Anteile $\dfrac{p}{\gamma}$ und k werden als horizontale Abszissen in jedem Punkt des Vertikalschnittes aufgetragen.

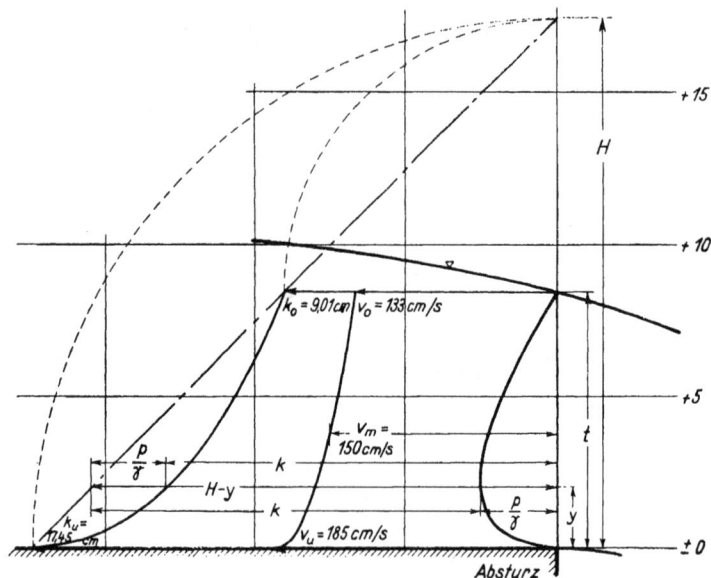

Abb. 5. Methode zur Bestimmung der Druckverteilung mittels der theoretischen Höhe der Energielinie.

Unbekannt ist noch der Verlauf entweder der Druck- oder der Geschwindigkeitshöhenkurve. Ist eine der beiden bekannt, so kann die andere daraus abgeleitet werden. Zunächst können die Endwerte der Geschwindigkeitshöhenkurve an der Sohle und der Oberfläche aus der Energielinienhöhe über diesen beiden Stellen bestimmt werden, da die Druckhöhen an beiden Stellen gleich Null sind. Mit Hilfe dieser Werte können die Sohlen- und Oberflächengeschwindigkeiten gefunden werden, die zusammen mit dem schon bekannten Wert v_m zwei feste und einen seiner Höhenlage nach zunächst noch unbestimmten Wert der Geschwindigkeitskurve ergeben.

Es gibt offenbar eine beliebige Anzahl von Kurven, die diesen Bedingungen genügen, während nur eine davon die Gesuchte ist. Es liegt nahe, diese durch einen Ansatz von der Form $y = c\,(v_u - v)^n$ anzunähern. Wie aus der späteren Untersuchung hervorgeht, liefert diese Gleichung hinreichend zuverlässige Ergebnisse. Mit dem Ansatz:

$$y = c \cdot x^n, \text{ worin } x = v_u - v \text{ und } dx = -\,dv$$

erhält man für den Flächeninhalt unter der Geschwindigkeitskurve:

$$t \cdot v_m = c \int_0^{v_u - v_o} x^n\,dx + t v_o = -\,c \int_{v_o}^{v_u} (v_u - v)^n\,dv + t v_o.$$

Da nun

$$y = 0, \quad x = 0 \qquad \text{folgt } t = c(v_u - v_o)^n$$
$$y = t, \quad x = v_u - v_o \qquad \text{und } c = \frac{t}{(v_u - v_o)^n}.$$

Durch Einsetzen:

$$t(v_m - v_o) = \frac{t}{(n+1)(v_u - v_o)^n}(v_u - v_o)^{n+1}$$
$$v_m - v_o = \frac{v_u - v_o}{n+1}$$
$$n = \frac{v_u - v_o}{v_m - v_o} - 1 = \frac{v_u - v_m}{v_m - v_o}.$$

Hiernach geht die ursprüngliche Gleichung über in:

$$y = \frac{t}{(v_u - v_o)^{\frac{v_u - v_m}{v_m - v_o}}} \cdot (v_u - v)^{\frac{v_u - v_m}{v_m - v_o}}$$

oder

$$v_u - v = (v_u - v_o)\left(\frac{y}{t}\right)^{\frac{v_m - v_o}{v_u - v_m}}$$

Mit $k = \frac{v^2}{2g}$ ist dann:

$$k = \frac{1}{2g}\left[v_u - (v_u - v_o)\left(\frac{y}{t}\right)^{\frac{v_m - v_o}{v_u - v_m}}\right]^2.$$

Nach der Theorie der Energielinie ist:

$$\frac{p}{\gamma} = H - k - y.$$

Also lautet der vollständige Ausdruck für die Druckverteilung in einem gegebenen Querschnitt:

$$(13) \qquad \frac{p}{\gamma} = H - y - \frac{1}{2g}\left[v_u - (v_u - v_o)\left(\frac{y}{t}\right)^{\frac{v_m - v_o}{v_u - v_u}}\right]^2.$$

Wenn auch diese Gleichung für die praktische Anwendung am einfachsten ist, kann ihr dennoch eine in bezug auf die Veränderlichen übersichtlichere Form gegeben werden, wobei H, v_0 und v_m durch Q und t ausgedrückt werden können und v_u sich nach der Gleichung

$$v_u = \left[\left(H - \frac{p_b}{\gamma}\right) \cdot 2g\right]^{\frac{1}{2}}$$

ergibt.

Gleichung (13) enthält daher bei konstanter Durchflußmenge nur drei Variable: $\frac{p}{\gamma}$, y und t. Mangels eines brauchbaren theoretischen oder praktischen Ausdruckes für die Tiefe in Abhängigkeit von der Durchflußmenge, vom Abstand von der Abfallkante und vom Reibungsbeiwert an

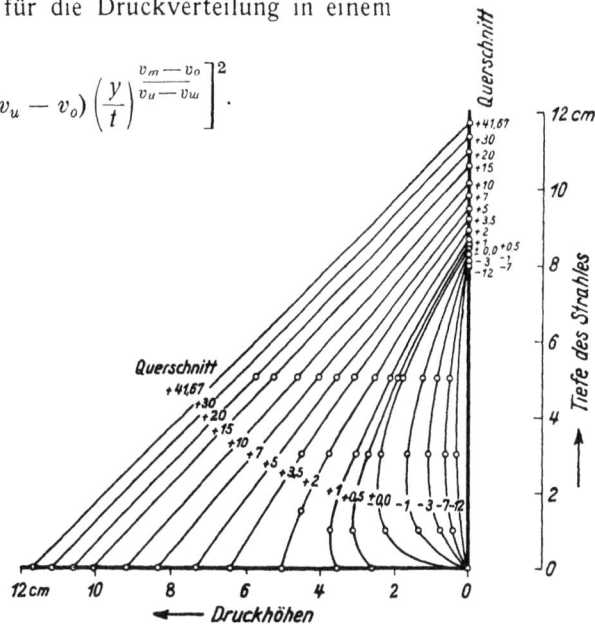

Abb. 6. Berechnete Druckverteilung nach der Formel
$$\frac{p}{\gamma} = H - y - \frac{1}{2g}\left[v_u - (v_u - v_o)\left(\frac{y}{t}\right)^{\frac{v_m - v_o}{v_u - v_m}}\right]^2.$$

Sohle und Wandungen muß t aus den Ergebnissen von Versuchsmessungen entnommen werden.

Aus den nach Formel (13) berechneten und den gemessenen Werten, die in Tabelle I eingetragen sind, wurde die Druckverteilung in den Lotrechten von dem kritischen Querschnitt an bis in den Abfallstrahl bestimmt. Diese Werte sind in Abb. 6 zusammengestellt, und zwar so, daß die Vertikalschnitte und deren tiefsten Punkte aufeinander liegen. Man erkennt daraus, daß der Übergang von einer Kurve zur nächsten einen stetigen Verlauf besitzt und daß vom kritischen Querschnitt bis zum Schnitt 7,0 eine praktisch lineare Druckverteilung vorhanden ist. Die so ermittelten Flächeninhalte stimmen recht gut mit den nach Formel (12) errechneten überein.

Infolge des im Exponenten stehenden Wertes $\frac{v_m - v_o}{v_u - v_m}$ verursacht schon eine geringe Ungenauigkeit in der Angabe der Tiefe eine beträchtliche Abweichung im Exponenten. Daher sind diese Werte für alle Schnitte sorgfältig aufgetragen und der gesuchte Exponent aus der durch die verschiedenen Punkte gezogenen ausgeglichenen Kurve entnommen.

III. Die Potentialströmungstheorie und ihre Anwendung zur Bestimmung der Druckverteilung mittels der Netzkonstruktion.

In der Hydromechanik werden die Beziehungen zwischen Druck und Geschwindigkeit in der Bewegung einer idealen Flüssigkeit mittels der Eulerschen Bewegungsgleichungen in folgender Weise dargestellt:

$$a) \quad \frac{\partial v}{\partial T} + \frac{\partial}{\partial s}\left(\frac{v^2}{2}\right) = -g\,\frac{\partial}{\partial s}\left(\frac{p}{\gamma} + h\right)$$

$$b) \quad \frac{\partial v_n}{\partial T} + \frac{v^2}{\varrho} = -g\,\frac{\partial}{\partial m}\left(\frac{p}{\gamma} + h\right)$$

$$c) \quad \frac{\partial v_m}{\partial T} = -g\,\frac{\partial}{\partial n}\left(\frac{p}{\gamma} + h\right)$$

oder in Worte gekleidet: „Die Beschleunigung eines Flüssigkeitsteilchens nach irgendeiner Richtung ist gleich der Erdbeschleunigung multipliziert mit dem Gefälle der Summe $\left(\frac{p}{\gamma} + h\right)$ in der betreffenden Richtung[9]". Die Gleichungen a), b) und c) enthalten insbesondere die Beschleunigung in tangentialer, normaler und binormaler (s, n und m) Richtung zur natürlichen Stromlinie, während ϱ den Krümmungsradius der momentanen Strombahn bezeichnet. Von den Koordinaten liegen die beiden ersten in der Ebene durch Tangente und Krümmungsradius. Diese wechseln ihre Lage von Punkt zu Punkt.

Im Falle der zweidimensionalen Betrachtung eines stationären Abflußproblems fällt Gleichung c) fort und da $\frac{\partial v}{\partial T} = 0 = \frac{\partial v_n}{\partial T}$ ist und bei wirbelfreier Strömung H konstant ist, gehen Gleichungen a) und b) über in:

$$a') \quad H = \frac{p}{\gamma} + \frac{v^2}{2g} + h = \text{konstant}$$

$$b') \quad \frac{\partial v}{\partial n} = \frac{v}{\varrho} \quad \text{oder} \quad v = c \cdot e^{\int \frac{d n}{\varrho}}.$$

Unter der Annahme, daß die Gesamtenergie für jeden Punkt der Strömung einen konstanten Wert besitzt, können die beiden Gleichungen als Grundlage für eine graphische Lösung zur Bestimmung des Stromprofiles und der beiden unbekannten Größen v und $\frac{p}{\gamma}$ benutzt werden, wenn man

[9] W. Spannhake, „Das Wichtigste aus der Hydromechanik". 1. Kapitel von „Kreiselräder als Pumpen und Turbinen", S. 28. Julius Springer, Berlin, 1931.

voraussetzt, daß das Absturzprofil und die Größe des Abflusses bereits bekannt sind. Zunächst werden nach Augenmaß geschätzte Stromlinien aufgezeichnet, die das ebenfalls geschätzte Längsprofil möglichst genau in eine bestimmte Zahl von Flächen gleicher Durchflußmenge teilen. An einer beliebigen, für die Untersuchung ausgewählten Stelle sind die Werte von n (Bogenlängen auf einer vom äußeren Rand des Stromes bis zum inneren laufenden Orthogonaltrajektorie der Stromlinien) bestimmt und mit diesen als Abszissen wird die Hilfskurve

$$q = \int e^{\int \frac{dn}{e}} \cdot dn$$

aufgezeichnet. Für diese Konstruktion müssen die Werte von ϱ aus den in den Wasserstrom einskizzierten Stromlinien entnommen werden.

In diesem Diagramm wird der Endwert von q in ebenso viele gleiche Abschnitte zerlegt wie das ursprüngliche Längsprofil des Stromes. Parallele zur Abszissenachse, in diesen Abschnitten gezogen, liefern durch ihren Schnitt mit der q-Linie die Abschnitte auf der n-Abszisse, in denen die Stromlinien die Orthogonaltrajektorie schneiden[10]). Wenn die letzteren Punkte nicht mit den ursprünglich nach Augenmaß angenommenen übereinstimmen, muß der Arbeitsvorgang wiederholt werden. Mit dem schließlich so bestimmten Wert v erhält man aus der Gleichung a') den Wert $\frac{p}{\gamma}$ und nun muß kontrolliert werden, ob die beiden freien Stromlinien tatsächlich konstanten Druck ergeben. Ist dies nicht der Fall, so muß weiter probiert werden.

Wenn diese graphische Lösung für das ganze Längsprofil des Stromes durchgeführt ist, indem die n-Kurven so gelegt sind, daß die eingeschlossenen Flächen angenäherte Quadrate darstellen, wird das Resultat der Netzkonstruktion ähnlich sein, die auf Plan I gezeigt ist. Hierbei sind die theoretischen Geschwindigkeiten umgekehrt proportional den Längen der unterteilten Linien. Offenbar kann dieselbe Konstruktion vereinfacht werden, wenn die Druckverteilung aus Messungen bekannt ist, um die Stromlinien und Geschwindigkeiten an jeder Stelle übersichtlich darzustellen.

Vorstehende Methode zur Bestimmung und Aufzeichnung der Abflußverhältnisse hat verschiedene beachtenswerte Vor- und Nachteile. Sie gestattet eine theoretisch strenge Behandlung der Abflußbedingungen in jedem Punkte und ermöglicht daher, die Bewegung eines einzelnen Wasserteilchens längs seines ganzen Weges zu verfolgen. Obgleich die vorerwähnte Anwendung des Kochschen Stützkraftgesetzes auf hydrodynamische Vorgänge zulässig ist, ist dieser Satz immerhin von einem Vergleich zwischen zwei verschiedenen, einen Teil des ganzen Wasserstromes einschließenden Querschnitten abhängig.

Anderseits jedoch wird bei der Theorie der Potentialströmung das Wasser als ideale Flüssigkeit behandelt und der Reibungseinfluß auf die Geschwindigkeitsverteilung, der wiederum einen bemerkenswerten Einfluß auf den Druck haben könnte, nicht berücksichtigt. Weiterhin ist diese Theorie als graphische Methode zur Bestimmung der Druckverteilung äußerst mühsam und die praktisch möglichen Grenzen zeichnerischer Genauigkeit machen die Bestimmung des Druckes bestenfalls zu einem ungenauen Verfahren.

IV. Hydrodynamische Diskussion der verschiedenen Kraftwirkungen auf ein Wasserteilchen beim Abfluß mit gekrümmten Strombahnen.

1. Die Beziehung zwischen Schwerkraft, Druckgefälle und Beschleunigung.

Die oft zum Unterschied von der „Zusatzdruckhöhe" $\frac{z}{\gamma}$ und der „Gesamtdruckhöhe" $\frac{p}{\gamma}$ (siehe Abb. 1) gewählte Bezeichnung „statische Druckhöhe" ist in Wirklichkeit nur die Höhe des Wasserspiegels über einem gegebenen Teilchen und kommt nur bei geradlinig gleichförmiger Strömung oder bei ruhendem Wasser zur vollen Auswirkung. Was Koch „Zusatzspannung" nannte,

---

[10]) Spannhake, S. 34.

ist einfach die Differenz zwischen der Höhe des Wasserspiegels über einem gegebenen Punkt und der wirklichen Druckhöhe an diesem Punkt. Mit anderen Worten ist die „Zusatzspannung" derjenige Teil des Gewichtes der gesamten Wassersäule über dem Teilchen, der eine positive nach unten gerichtete Beschleunigung anstatt eines Druckes zu erzeugen bestrebt ist, bzw. im Falle einer nach oben gerichteten Beschleunigung derjenige Teil der kinetischen Energie der Wassersäule, der in Druck umgewandelt diese Beschleunigung erzeugt.

Die folgende Erörterung soll diese Beziehung näher beleuchten. Die Hydrodynamik der reibungslosen Flüssigkeit sagt: „Nach irgendeiner Richtung ist die Komponente der aus Druck- und Schwerewirkung zusammengesetzten (auf die Volumeneinheit bezogenen) Kraftwirkung gleich dem Gefälle der Summe $(p + \gamma h)$ nach dieser Richtung"[11].

Wird die vertikale Komponente dieser Kraft mit f_t bezeichnet, so ist

$$f_t = -\frac{d}{dt}(p + \gamma h),$$

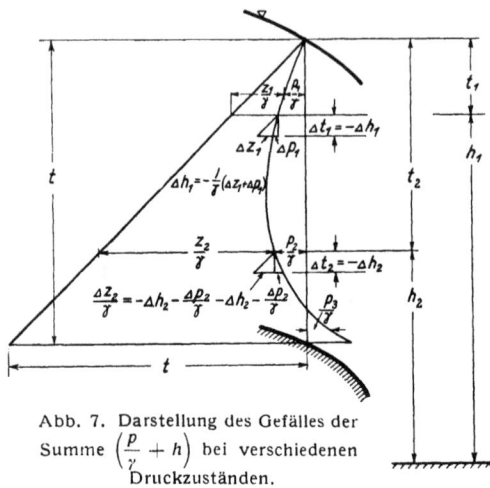

Abb. 7. Darstellung des Gefälles der Summe $\left(\frac{p}{\gamma} + h\right)$ bei verschiedenen Druckzuständen.

worin h die Höhenlage des betrachteten Punktes über einem Nullniveau, z. B. der Gerinnesohle ist (siehe Abb. 7). Daher ist $dt = - dh$, so daß wir erhalten

$$f_t = -\frac{dp}{dt} + \gamma.$$

Dies bedeutet eine vertikal nach unten gerichtete, auf die Volumeneinheit bezogene Kraft. Wird nun der ganze Ausdruck einmal integriert, so gilt für eine beliebige Tiefe t_1 (siehe Abb. 7):

$$\int_0^{t_1} f_t \, dt = \gamma t_1 - p_1 = z_1$$

und man erkennt, daß in diesem Falle der Wert z_1, den Koch einfach mit „Zusatzspannung" bezeichnet, in Wirklichkeit die Differenz ist zwischen dem Gewicht des Wassers über einem gegebenen horizontalen Flächenelement und dem Druck an dieser Stelle, oder die gesamte vertikale Kraft in dieser Einheitswassersäule, welche die Beschleunigung in der Säule in vertikaler Richtung bewirkt.

Dort wo tatsächlich ein Druckgefälle existiert, d. h. wo $\frac{dp}{dt}$ negativ ist, wie im unteren Teil der Abb. 7, nimmt die Kraft sogar einen größeren Wert an als das Gewicht des Wasserteilchens. Das heißt, nicht nur das Gewicht eines Teilchens erzeugt seine Beschleunigung, sondern auch die durch den abnehmenden Druck verursachte Kraft.

Falls der Druck an einer Stelle einen negativen Wert annimmt $\left(\text{siehe } \frac{p_3}{\gamma} \text{ in Abb. 7}\right)$, so muß beachtet werden, daß dies eine Senkung des Druckes unter den atmosphärischen bedeutet, die den absoluten Betrag der Differenz zwischen dem augenblicklichen Atmosphärendruck und dem von der Temperatur abhängigen Dampfdruck des Wassers nicht überschreiten kann. Tritt irgendwo der Dampfdruck wirklich auf, so verlieren natürlich obige Betrachtungen ihre Gültigkeit. Im übrigen ist es in Fällen, wo Druck unter dem atmosphärischen auftritt, vielleicht bequemer, mit dem absoluten Vakuum als Nullniveau zu rechnen, um alle Drücke positiv bezeichnen zu können.

Die horizontale Komponente der Beschleunigungskraft lautet:

$$f_x = -\frac{dp}{dx}.$$

---

[11] Spannhake, S. 9.

worin also der Wert γ verschwindet. Mit anderen Worten: die Beschleunigung eines Teilchens infolge der Gravitationskraft wirkt nur in vertikaler Richtung, während die weitere Beschleunigungskraft infolge des Druckabfalles im allgemeinen anders gerichtet ist, d. h. senkrecht zu einer Kurve gleichen Druckes, die durch diesen Punkt geht.

In Abb. 8 sind die Kurven gleichen Druckes aufgetragen, die aus den auf Plan III dargestellten Messungsergebnissen entnommen sind. Hieraus ersieht man die relativen Richtungen der Gravitationskraft und der durch das Druckgefälle verursachten Kraft, wobei deren Vektorsumme in jedem Falle Größe und Richtung der auf ein Teilchen wirkenden Gesamtbeschleunigungskraft ergibt.

Diese wichtige Tatsache kann in folgender Weise zusammengefaßt werden:

Die auf irgendeinem Wasserteilchen bei gekrümmtem Abfluß wirkende Beschleunigungskraft kann als die Vektorsumme zweier Komponenten betrachtet werden: einer Vertikalkomponenten, die gleich der Gravitationskraft auf das Teilchen ist und einer Komponenten, die die gleiche Größe und Richtung des maximalen Druckgefälles an diesem Punkte besitzt.

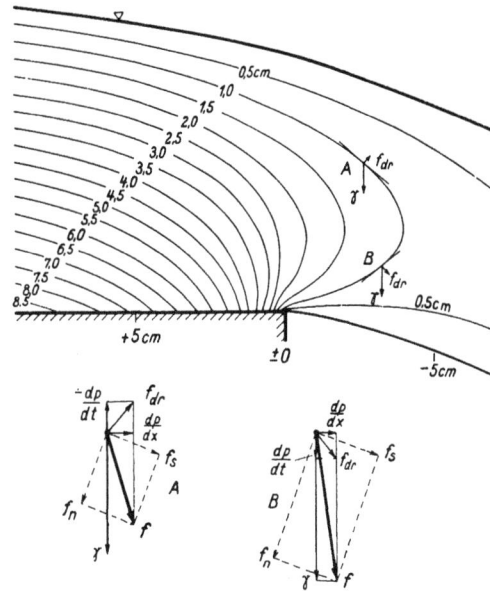

Abb. 8. Linien gleichen Druckes im Bereich des Absturzes mit Vektordiagrammen der Beschleunigungskräfte.

2. Zerlegung des Gesamtdruckes.

Die verschiedenen auf ein Wasserteilchen wirkenden Kräfte können in den folgenden beiden Komponenten zusammengefaßt werden: eine, die in der Richtung der Strömung beschleunigend wirkt und eine zweite, senkrecht zur Richtung der Strömung, die bestrebt ist, die Richtung der Bewegung des Teilchens zu ändern. Das heißt, diese beiden Komponenten erzeugen beziehungsweise eine tangentiael und eine zentripetale Beschleunigung.

In der vorigen Überlegung wurden die verschiedenen Kräfte von einem anderen Standpunkt aus behandelt, indem gezeigt wurde, daß an einem gegebenen Punkt die ganze zur Beschleunigung verwendete Kraft an einem Teilchen (auf die Volumeneinheit bezogen) der Vektorsumme von Schwerewirkung und Druckgefälle in diesem Punkt gleich ist. Natürlich ist die Resultierende dieser beiden Komponenten identisch mit der der eben erwähnten tangentialen und normalen Komponenten, man darf aber die einzelnen Komponenten der einen Darstellung nicht unabhängig voneinander mit denen der anderen vergleichen. Mit anderen Worten: Zentripetalbeschleunigung und Beschleunigung durch das Druckgefälle stehen in einem von der Schwerkraft beeinflußten Zusammenhange.

In einem Schnitt, wo die Stromlinien noch gerade und horizontal sind, wird das ganze Gewicht der Teilchen in einer vertikalen Einheitssäule zur Erzeugung eines Druckes verwendet, der unmittelbar von der Tiefe unter dem Wasserspiegel abhängig ist. Dies wirkt sich im tiefsten Punkt in einem Druck gleich dem ganzen Gewicht der Säule aus, dem durch einen vom Boden in der entgegengesetzten Richtung ausgeübten Druck das Gleichgewicht gehalten wird. Weiter stromabwärts nimmt dieser Druck allmählich mit der stetig zunehmenden Krümmung der Stromlinien ab, bis er am Absturz auf Null gesunken ist. Das heißt, die einzige außer der Schwerewirkung auf die Strömung wirkende äußere Kraft nimmt mit der Annäherung an die Absturzecke ab, wo sie ganz

2*

verschwindet. Trotzdem herrscht über der Absturzecke noch ein beträchtlicher Druck im Innern des Strahles.

Ein Blick auf die Netzkonstruktion in Plan I oder auf die Linien der gemessenen Geschwindigkeiten in Plan II und III (s. Anhang) zeigt, daß entsprechend der allmählichen Abnahme des Bodendruckes in der Nachbarschaft der Absturzecke die Bodengeschwindigkeiten entschieden größer sind als die im Wasserspiegel, während die letzteren allerdings schon eine nach unten gerichtete Komponente haben. Daher würde die freie Abflußparabel eines einzelnen Teilchens aus den tieferen Schichten des Strahles sich horizontal viel weiter erstrecken als eine für ein Teilchen aus den oberen Schichten (s. Abb. 9). Aber es liegt auf der Hand, daß die Teilchen nicht ihren natürlichen Abflußparabeln folgen können, weil sie sich dabei kreuzen müßten. Deshalb muß innerhalb der Strömung eine Kraft vorhanden sein, welche die Richtung und wahrscheinlich auch die Geschwindigkeiten der konvergierenden Wasserteilchen zu ändern bestrebt ist.

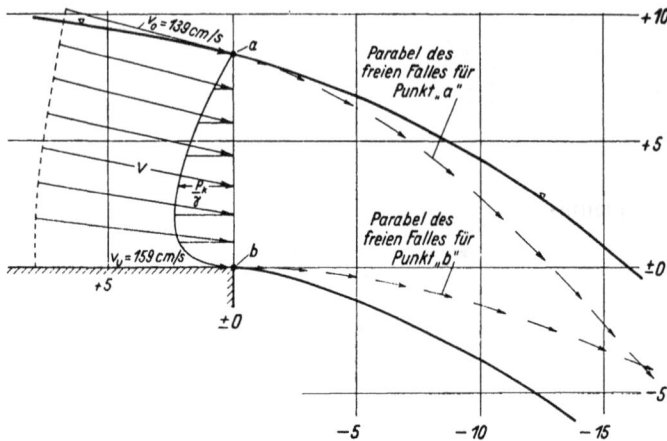

Abb. 9. Darstellung der von der ungleichmäßigen Konvergenz und Geschwindigkeitsverteilung herrührenden Druckverteilung an der Stelle größter Krümmung der Stromfäden.

In einem Schnitt wo der Boden noch einen Druck auf die Strömung ausübt, darf man den Druck innerhalb des Stromes als durch zwei Ursachen bestimmt ansehen: durch die Bodenreaktion, die mit großer Wahrscheinlichkeit eine lineare Funktion der Tiefe ist und die ihren Höchstwert in dem Bodendruck selbst hat (s. Abb. 10), und durch die gegenseitige Beeinflussung der konvergierenden Stromlinien, welche die Richtung eines jeden einzelnen Teilchens der allgemeinen Richtung des Stromes im ganzen anzupassen sucht.

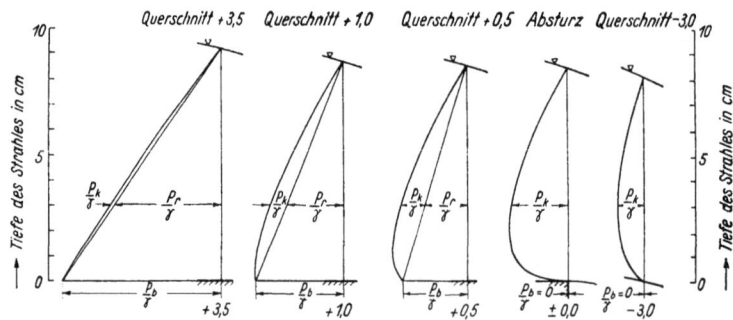

Abb. 10. Zerlegung des Gesamtdruckes in die von äußeren, statischen bzw. von inneren, kinetischen Kräften herrührenden Drücke.

Daher darf man die Vertikalkomponente der auf die Volumeneinheit bezogenen Kraft, um diese beiden Arten des inneren Druckes einzuführen, in folgender Weise umschreiben:

$$f = \gamma - \frac{dp}{dt} = \gamma - \frac{dp_r}{dt} - \frac{dp_k}{dt} = \gamma - \frac{p_b}{t} - \frac{dp_k}{dt}.$$

Die vorausgegangene Betrachtung hat gezeigt, daß das Gewicht einer vertikalen Einheitssäule sich durch die Strömung hindurch teils in der Erzeugung von Bodendruck, teils in der Hervorrufung von vertikaler Beschleunigung auswirkt. Im frei fallenden Strahl erzeugt das gesamte Gewicht Beschleunigung; daher ist der innere Druck in diesem Teil des Strahles nicht dazu da, um die totale Beschleunigung zu vermindern — d. h. der Druck hängt nicht mit der Schwerkraft, sondern eben mit der relativen Richtung und Bewegungsgröße der Teilchen zusammen. Daher darf der Wert $\frac{d\,p_k}{d\,t}$ als unabhängig von γ angesehen werden.

Ein Studium des Planes III zeigt, daß trotz der allmählichen Abnahme des Bodendruckes vom kritischen Querschnitt ab bis zu einem Abstand von 7 cm von der Absturzecke die Druckverteilung praktisch noch eine lineare Funktion der Tiefe ist; bis zu diesem Schnitt ist die Krümmung der Stromlinien verhältnismäßig gering und ihr Konvergenzwinkel praktisch vom Spiegel bis zum Boden konstant. Später indessen nehmen nicht nur die Krümmung und die Bodengeschwindigkeiten zu, sondern es wird auch der Konvergenzwinkel in der Nähe des Bodens zunehmend größer, sobald sich der Bodendruck dem Wert Null nähert. Gleichzeitig wird auch die Druckverteilung mehr und mehr eine ausgeprägte Kurve, die am meisten gekrümmt ist in dem Schnitt über der Absturzecke, wo sowohl die Geschwindigkeit als auch der Konvergenzwinkel die größte Veränderlichkeit zwischen Spiegel und Boden zeigen (s. Abb. 9). An dieser Stelle ist der Wert p_b verschwunden, so daß der ganze verbleibende Druck p_k auf Rechnung der gegenseitigen Beeinflussung der konvergierenden Stromlinien kommt.

Diese Betrachtung kann wie folgt zusammengefaßt werden:

Im Falle gekrümmter Stromlinien darf die Kurve der Druckverteilung über einem Vertikalquerschnitt als die Summe zweier Kurven betrachtet werden; die erste ist wahrscheinlich eine lineare Funktion der Tiefe mit der größten Ordinate gleich dem Bodendruck in diesem Schnitt; die zweite ist eine nicht lineare Funktion der ungleichförmigen Geschwindigkeitsverteilung und ungleichförmigen Konvergenz der Stromlinien im Schnitt.

Der Verfasser hat vergeblich versucht, die zuletzt genannte Funktion in einfache mathematische Ausdrücke zu fassen, die die Bewegungsgröße und die relativen Winkel der Stromröhren enthalten. Es ist möglich, daß eine solche Formulierung schließlich notwendigerweise zu den früheren Ausdrücken für normale und tangentiale Beschleunigung zurückführen würde. Hierdurch würde natürlich die ursprüngliche Absicht dieser Untersuchung vereitelt werden, nämlich eine vereinfachte Behandlung einer Strömung mit gekrümmten Stromfäden unter Benutzung horizontaler und vertikaler Koordinaten zu finden.

B. Experimentelle Nachprüfung der Theorien.

I. Vorversuche.

Da eine genaue Kenntnis des Wasserspiegelverlaufes für die Anbringung der Druckwasserrohre an den geeignetsten Stellen der Seitenwand unbedingt erforderlich war, wurde zunächst eine Anzahl von Vorversuchen mit verschiedenen Abflußmengen durchgeführt. In die für die Durchführung der Versuche benutzte, beiderseits durch Glaswände begrenzte Rinne wurde auf die volle Breite von 50 cm eine glatte, ungefähr 3½ m lange Zementsohle eingebaut. Diese Sohle lag 35 cm über dem Boden der Rinne und erhielt am unteren Ende eine scharfe Ecke mit einer lotrechten Abfallwand. In diese Wand wurde eine Vorkehrung zur Belüftung des Strahles einbetoniert.

Abb. 11. Aufnahme der Versuchsrinne vom oberen Ende gesehen. Im Vordergrund sieht man das 50 cm breite Meßwehr unter einer Abflußmenge von 62,5 l/s. Weiter stromabwärts ist der Absturz deutlich erkennbar, wo der Abfluß in der auf 25 cm eingeengten Rinne einer Wassermenge von 125 l/s/lfd. m entspricht. Rechts vom Absturz steht das Gerät zur Messung der Wand- und Sohlendrücke.

Mittels eines Spitzenmaßstabes mit Noniusteilung, die ein Ablesen auf Zehntelmillimeter gestattete, wurde das Wasserspiegelgefälle für 12 verschiedene Durchflußmengen von 2 bis 100 l in der Sekunde je lfd. m Rinnenbreite bestimmt. In allen Fällen wurde sowohl die Oberfläche wie die untere Begrenzungsfläche des Strahles festgelegt und stromaufwärts das Wasserspiegelgefälle etwa fünfmal so weit gemessen, als der Strecke bis zum kritischen Querschnitt entsprach. Die vorgenommenen Messungen wurden in Rinnenmitte ausgeführt.

Die so aufgenommenen Längsprofile wurden gemeinsam unter Kennzeichnung der Stelle der theoretischen Grenztiefe zeichnerisch dargestellt. Aus dieser Auftragung wurde gefolgert, daß das Froudesche Ähnlichkeitsgesetz, wenn man die kleinen Wassertiefen von der Betrachtung ausschließt, mit genügender Sicherheit angewendet werden kann, d. h. daß aus den gemessenen Profilen andere Durchflußprofile abgeleitet werden können, vorausgesetzt, daß das Umrechnungsverhältnis nicht so groß ist, daß die Messungsgenauigkeit einen erheblichen Einfluß erlangen kann. Diese Ergebnisse wurden auf Grund der gemessenen Profile zuverlässig bestätigt. Beachtenswert ist, daß die Verbindung der bei jedem Längsprofil bezeichneten Punkte des kritischen Querschnittes annähernd eine gerade Linie durch die Abfallkante ist. Nur in der nächsten Nähe der Abfallkante selbst, d. h. bei kleinen Wassertiefen, lagen diese Punkte deutlich über der Geraden, so daß die wirkliche Tiefenkurve für die kritischen Querschnitte eine flache Parabel darstellt. Diese Abweichung von der Geraden dürfte darauf zurückzuführen sein, daß bei abnehmender Tiefe der Einfluß der Wand- und Sohlenreibung auf den Abfluß entsprechend größer wird. Auch dürften die Viskosität und die Oberflächenspannung bei kleiner werdenden Strahlstärken von wachsendem Einfluß sein.

Auf Grund dieser Folgerung aus den Meßergebnissen wurde das Durchflußprofil für eine Wassermenge von 125 l/s/lfd. m nach den Regeln der geometrischen Ähnlichkeit bestimmt. Diese Durchflußmenge wurde für die Hauptversuche gewählt, da sie genügend groß war, um eine sorgfältige Messung der Druckverteilung zu gestatten und eine gute Ausnutzung der Rinne bei noch glattem Abfluß ermöglichte. Auf diese Ergebnisse gestützt wurde das endgültige Modell hergestellt.

II. Hauptversuche.

1. Ausbildung der Versuchsrinne.

Die endgültige Ausbildung der Versuchseinrichtung zeigen die Abb. 11, 12 und 13. Die eigentliche Versuchsrinne ist am Meßwehr und auf den größten Teil ihrer Länge mit beiderseitigen Glaswänden versehen und trägt oben zwei Stahlschienen zur Führung der beweglichen Spitzenmaßstäbe und des Pitotrohrgerätes.

Am oberen Ende der Rinne befindet sich ein scharfkantiges Meßwehr von 50 cm Länge und 35 cm Höhe zur Messung von Wassermengen bis zu 60 l/s. Das Wasser wird dem Wehr aus einem Einlaufkasten zugeführt, in den das Zuleitungsrohr eingesetzt ist (s. Abb. 12). Für die Durchfluß-

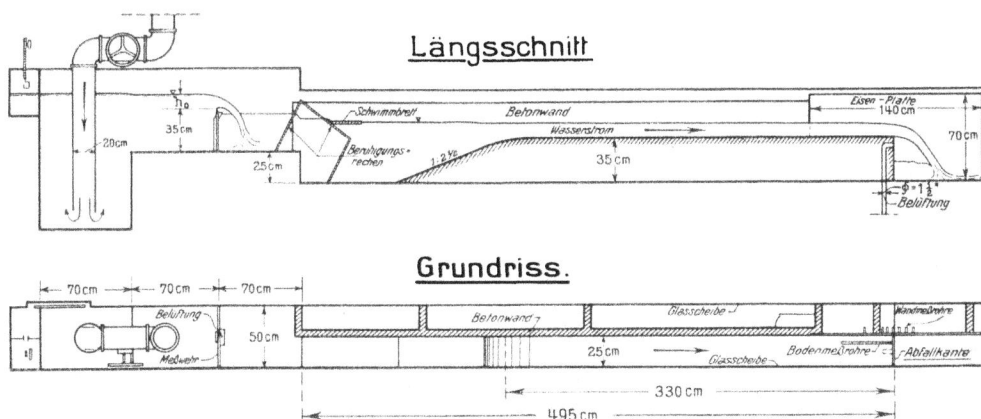

Abb. 12. Ausbildung der Versuchsrinne.

menge von 125 l/s für 1 lfd. m bzw. für die bei einer Rinnenbreite von 25 cm erforderliche Wassermenge von 31,25 l/s ergibt die Rehbocksche Wehrformel[12]) für das gegebene Wehr eine erforderliche Überfallhöhe von 10,32 cm.

[12]) Th. Rehbock, „Wassermessung mit scharfkantigen Überfallwehren". Zeitschrift des VDI, 1929, Nr. 24.

In der Rinne wurde der gleiche Zementboden beibehalten wie bei den Vorversuchen. Die am unteren Ende vorgesehene scharfe Abfallkante bestand aus einem polierten, sorgfältig einbetonierten Messingwinkel, dessen Höhenlage an verschiedenen Punkten eine äußerste Abweichung bis zu 0,03 cm zeigte. Zur Lüftung des Strahles war ein 1½ Zoll starkes Rohr vorgesehen, das in die lotrechte Abfallwand eingebaut war. Die Sohle des Meßkanales lag wieder 35 cm über der normalen Rinnensohle.

Als rechte Seitenwand des Kanales wurden die Glasscheibe und die gestrichene Holzwand der eigentlichen Rinne beibehalten. Da der Kanal auf 25 cm Breite eingeengt war, um einerseits eine ausreichende Tiefe bei dem vorhandenen Durchfluß zu erhalten und anderseits den Einbau von Wasserdruckmeßrohren in eine der Seitenwände zu ermöglichen, ohne die Glaswand der Rinne entfernen zu müssen, wurde die linke Kanalwand aus Zementmörtel mit geglätteter Oberfläche hergestellt mit einer anschließenden dünnen Eisenplatte von 140 × 70 cm Größe, in deren Mitte die Abfallkante lag (s. Abb. 12). An der Eisenplatte wurden vor ihrem Einbau in die Rinne dünne Kupferrohre zur Druckmessung angebracht.

Alle Fugen in dieser Wand wurden sorgfältig geglättet und die Eisenplatte wasserseitig mit einem mehrfachen weißen Emaillelackanstrich versehen. An der Abfallkante war die Rinnenbreite auf genau 25 cm bemessen. Die größte Abweichung in der Breite lag 0,5 m stromauf und betrug weniger als — 0,5%.

Da auf der ganzen waagerechten Sohlenlänge von 3 m nahezu schießender, schon von geringster Störung stark beunruhigter Abfluß auftrat, wurde besondere Aufmerksamkeit auf die Wasserberuhigung verwendet. Am Ende des Sturzbeckens des Wehres wurde der Kanal plötzlich auf die Hälfte eingeschränkt, da die linke Seite vollständig abgeschlossen war. An dieser Stelle wurden zwei grobmaschige Metallrechen eingesetzt und durch ein hölzernes Floß für eine gute Beruhigung gesorgt. Der Boden fällt hier um ungefähr 25 cm ab, um dann wieder fast 1,0 m weiter stromab mit einer unter 1 : 2½ geneigten Böschung zum Versuchsgerinne anzusteigen, wobei die Übergangsstelle zwischen Dammoberfläche und Böschung eine Abrundung erhalten hat.

Die Anordnung des Unterwasserbeckens und des Beruhigungsrechens sowie der allmähliche Böschungsübergang beseitigen alle merklichen Schwankungen im Abfluß, ohne aber das Auftreten der infolge der Querschnittseinengung sich einstellenden stehenden Reaktionswellen zu verhindern. Diese hätten nur durch allerdings praktisch schwer durchführbare, erheblich sanftere Querschnittsübergänge und eine überaus große Länge des Versuchskanales vermieden werden können.

2. Meßgeräte.

a) Spitzenmaßstäbe.

Die Bestimmung des Wasserspiegelgefälles wurde sorgfältiger ausgeführt als bei den Vorversuchen, wenn auch dieselben Geräte Verwendung fanden. Diese bestanden aus zwei Spitzenmaßstäben mit 0,1 mm Noniusteilung; der eine war mit gewöhnlicher lotrechter Spitze für die Messung der Wasseroberfläche, der andere mit einer längeren umgebogenen Spitze ausgestattet, um die Unterfläche des Strahles mit größtmöglicher Genauigkeit bestimmen zu können. Die waagerechten Abstände wurden an einem Längenmaßstab, der an einer der beiden Stahlschienen angebracht war, auf einen Millimeter genau abgelesen.

Von den für jeden Querschnitt gemessenen Tiefen wurden die Durschschnittswerte von 7 oder 8 Punkten längs des Schnittes gebildet, da durch die kleinen Diagonalwellen und die geringen zeitweiligen Schwankungen Abweichungen von ein oder zwei Millimetern verursacht wurden. Die stromaufwärts von der Abfallkante gelegenen Schnitte lagen in Abständen von 2,5 bis 10 cm und erstreckten sich auf einen Bereich von 155 cm. Soweit im Strahl mit genügender Genauigkeit gemessen werden konnte, betrugen hier die waagerechten Abstände der Meßpunkte 2,5 cm bis zu einer Gesamtlänge von 25 cm.

b) Wand- und Sohlendruckmeßrohre.

Die Druckmeßrohre in der linken Wand bestanden aus kurzen Kupferrohren von 5 cm Länge und 3 mm innerem Durchmesser. Sie waren in die Bohrlöcher der Eisenplatte eingelötet und mit der Plattenoberfläche genau bündig abgefeilt. Die Meßrohre wurden jeweils in lotrechten Reihen an 3 stromaufwärts, 4 stromabwärts und an einem unmittelbar an der Abfallkante gelegenen Querschnitt angebracht (s. Plan II). Im ganzen waren 43 Öffnungen vorhanden und zwar an den Stellen, die für die Betrachtung der Abflußvorgänge besonders zweckmäßig erschienen. Die spätere Erfahrung zeigte jedoch, daß es besser gewesen wäre, noch 25 weitere Öffnungen unmittelbar oberhalb und unterhalb der Abfallkante anzuordnen.

Als Ergänzung zu den seitlichen Meßrohren wurden in die Sohle im Abstande von 7,5 cm von der linken Wand 10 Öffnungen eingelassen. Diese bestanden aus Messingrohren mit dem gleichen inneren Durchmesser von 3 mm und wurden in einen Messingstreifen eingelassen, der sorgfältig in die Kanalsohle einbetoniert wurde. Die Meßpunkte erstreckten sich vom kritischen Querschnitt bis zu einem Abstand von 0,5 cm vor der Abfallkante.

Für die Ablesung wurde ein für diesen Zweck besonders gut bewährtes, im Karlsruher Flußbaulaboratorium entworfenes Gerät benutzt (Abb. 18), das aus einem vor einem Spiegel angebrachten Satz von 12 Glasröhren besteht, die durch Justierschrauben und Libelle genau lotrecht gehalten werden. Quer über alle Standrohre ist ein gemeinsamer beiderseits geführter Einstellfaden gespannt, an dessen Führung die Libelle angebracht ist. Seine Höhenlage kann an einer Noniusteilung auf 0,1 mm genau abgelesen werden. Der ganze Apparat war ursprünglich dazu konstruiert, über

Abb. 13. Blick von oben auf den Absturz. Die Absturzkante und Bodenpiezometerrohre kann man deutlich sehen, wie auch den Spitzenmaßstab, den Meßgeräteträger und die Stahlschienen. Im Hintergrund bemerkt man die Kante des Meßwehres.

der Rinne aufgestellt zu werden, wobei die Wassersäulen durch ein gemeinsames Vakuum hochgesaugt werden sollten. Zur Vereinfachung und zur Erzielung einer besseren Übersichtlichkeit wurden oben offene Meßrohre in gleicher Höhe mit dem Absturz als zweckmäßiger angesehen.

Die Rohre wurden jedesmal vor dem Gebrauch mit Säure gereinigt, da ein unsauberes Rohr einen Meßfehler von mehr als einem Millimeter verursachen kann. Aus dem gesamten Meßrohrsystem wurde am oberen Ende der Standrohre stets so lange Wasser durch kräftiges Saugen herausgezogen, bis die Schlauchverbindungen frei von Luftblasen waren. Diese notwendige Voraussetzung für die Erzielung genauer Ergebnisse wurde nachgeprüft, indem die ganze Rinne bis zu einer über der höchsten Meßöffnung gelegenen Wasserspiegelhöhe aufgefüllt wurde, wobei jedes Standrohr die gleiche Ablesung ergeben mußte. Hiernach wurde die Höhe der Abfallkante als Nullage auf das Gerät übertragen. Dann wurde durch Öffnen des Rinnenauslasses mit dem Wasserdurchfluß allmählich begonnen, wobei darauf geachtet wurde, daß keine der Meßöffnungen auch nur vorübergehend dem Eintritt von Luft ausgesetzt war.

c) Pitotrohre.

Um dem oben erwähnten Mangel an Wandmeßstellen abzuhelfen, fanden Pitotrohre Verwendung, die gleichzeitig eine Prüfung und Ergänzung der Wanddruckmessungen ermöglichten. Die Anwendung eines normalen Pitotrohres, bei dem die Öffnungen für die statische Druckhöhe und die für die Geschwindigkeitshöhe plus statischer Druckhöhe an einem Rohr, aber in verschiedenen Querschnitten, angebracht waren, kam nicht in Frage, da die Abweichungen der Meßwerte zwischen den beiden Querschnitten selbst bei einem Abstand von nur einem Zentimeter zu große Fehler verursacht hätten. Für die Messungen mit jedem Teil des Rohres hätte dann eine Verschiebung des Gesamtgerätes vorgenommen werden müssen, was wiederum leicht zu Irrtümern und unnötigen Zeitverlusten Veranlassung gegeben hätte.

Es wurde daher zunächst ein besonderes Gerät hergestellt (s. Abb. 14), das zwei Parallelröhren in 1,85 cm Abstand erhielt, eine für die Ermittlung der Gesamthöhe (Druck- plus Geschwindigkeitshöhe), die andere für die reine Druckhöhenmessung. Im Laufe der Versuche konnte die Erfahrung gemacht werden, daß bei der recht kurzen Ausbildung dieser Rohre die lotrechte Tragstange des Gerätes infolge des sich unmittelbar davor einstellenden Staues das Meßergebnis sogar bei schießendem Abfluß beeinträchtigte.

Auf Grund dieser Feststellungen wurde eine andere Vorrichtung entworfen, die aus zwei langen, schmalen Röhren bestand, die abwechselnd an der gleichen Stange angebracht wurden. Für die Messung der Druckhöhen wurde ein Kupferrohr von 3 mm Durchmesser gewählt, das am vorderen, zugespitzten Ende mit einer scharfen Schneide versehen und auf die ganze Länge stark abgeplattet war. An jeder Seite war in 2,8 cm Abstand von der Spitze und 10,75 cm Entfernung vom unteren Befestigungspunkt eine Einlaßöffnung vorgesehen (s. Abb. 14). Das zur Messung der Gesamtdruckhöhe verwendete Messingrohr von 1,5 mm innerem Durchmesser besaß vom Befestigungspunkte bis zur Spitze eine Länge von 15 cm.

Dieses Hilfsgerät wurde an das übliche Gestänge angeschlossen, das eine lotrechte Millimeterteilung mit Ablesenonius besaß. Das Rohr wurde stets so lange im vertikalen Sinne gedreht, bis es parallel zur Stromlinie lag. Die zusätzliche Höhe infolge der Schrägstellung konnte an einem

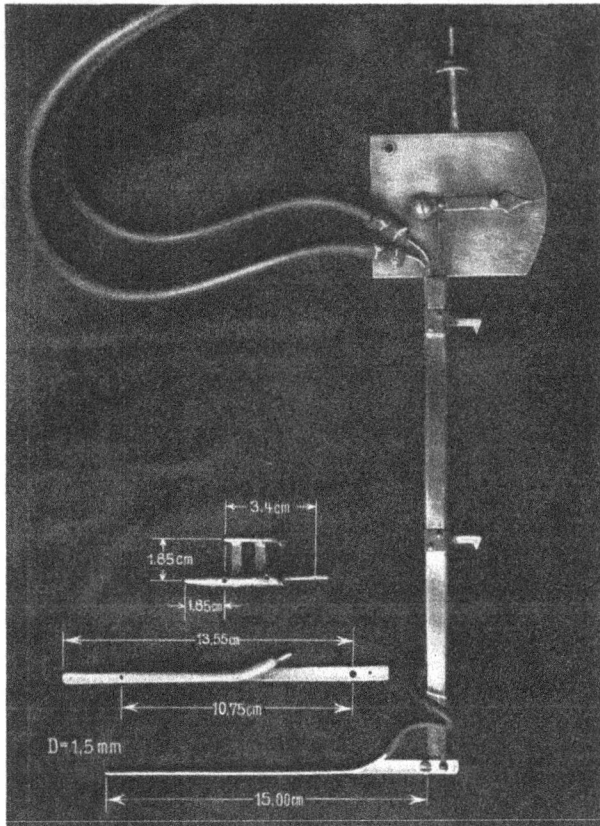

Abb. 14. Aufnahme der drei auswechselbaren Pitotrohre, mit denen alle Druck- und Staumessungen gemacht wurden. Das lange Staurohr ist bereits an der Stange festgeschraubt, deren oberes Ende an den Noniusmaßstab paßt. Der Zeiger vor der oberen Messingplatte dient zur Änderung der Richtung des Pitotrohres auch während der Messung.

Zifferblatt unmittelbar abgelesen werden. Es wurde jedoch festgestellt, daß dabei beträchtliche Fehler entstanden, so daß alle Bestimmungen der Höhe der Rohröffnung schließlich nur an einem kurzen bis zur Sohle des Kanales eingetauchten Millimetermaßstab ausgeführt wurden. Da die einzelnen Messungen für jeden Querschnitt in der gleichen Vertikalen vorgenommen wurden, mußte die in jedem einzelnen Falle entstehende waagerechte Abweichung durch Stromaufwärtsbewegung des ganzen Gestänges um einen der Neigung des Rohres entsprechenden Abstand ausgeglichen werden.

III. Ergebnisse der Versuche.

1. Wasserspiegellinien.

In Tabelle II sind die gemessenen Wasserspiegellagen wiedergegeben, aus denen das in Plan II dargestellte Längsprofil entnommen wurde. Schwierigkeiten bereitete nur die Messung der recht unregelmäßigen Strahlflächen an den Stellen, wo schon eine beträchtliche Richtungsänderung eingetreten war. Alle Punkte lagen jedoch genau genug, um sie durch eine stetige Kurve verbinden zu können. Die Lage der theoretischen Grenztiefe zwischen Strömen und Schießen wurde als Schnittpunkt der Profillinie mit der rechnerisch bestimmten Ordinatenhöhe ermittelt. Beachtenswert ist, daß dieser Punkt nur 1,3 cm weiter stromabwärts lag, als nach den Regeln der geometrischen Ähnlichkeit bei den 12 kleineren Durchflußmengen der Vorversuche ermittelt wurde, während die endgültige Wassertiefe an der Abfallkante nur rd. 0,1 cm oder 1,2% kleiner war. Nur in dem Gebiete des etwas unruhig fallenden Strahles konnte keine so gute Übereinstimmung festgestellt werden, da der Strahl bei den Hauptversuchen etwas steiler abfiel. Es ist dies daraus zu erklären, daß die Messungen bei den Vorversuchen nur in der Kanalmitte vorgenommen wurden und infolgedessen die Wirkung der Reibung nicht die gleiche war.

Tabelle II
Messungen des Stromprofiles

Stromaufwärts		Stromabwärts	
Abstand von der Kante in cm	Tiefe in cm	Abstand von der Kante in cm	Höhe der Oberfläche in cm
+ 0,0	8,45	− 2,5	+ 7,67
+ 2,5	8,97	− 5,0	+ 6,75
+ 5,0	9,45	− 7,5	+ 5,65
+ 7,5	9,84	− 10,0	+ 4,27
+ 10,0	10,11	− 12,5	+ 2,73
+ 12,5	10,32	− 15,0	+ 0,85
+ 15,0	10,57	− 17,5	− 1,21
+ 20,0	10,92	− 20,0	− 3,41
+ 25,0	11,11	− 22.5	− 6,01
+ 30,0	11,34	− 25,0	− 8,86
+ 35,0	11,47		
+ 40,0	11,63		
+ 45,0	11,79		
+ 50,0	11,94	Abstand von der Kante in cm	Höhe der Unterfläche in cm
+ 55,0	12,07		
+ 65,0	12,43		
+ 75,0	12,74	− 2,5	− 0,48
+ 85,0	13,02	− 5,0	− 1,31
+ 95,0	13,11	− 7.5	− 2,36
+ 105,0	13,02	− 10,0	− 3,57
+ 115,0	12,86	− 12,5	− 5,14
+ 125,0	12,82	− 15,0	− 7,05
+ 135,0	12,92	− 17,5	− 9,00
+ 145,0	13,24	− 20,0	− 11,29
+ 155,0	13,56	− 22,5	− 13,84

Als Unterlage für die Betrachtungen in Teil A dieser Abhandlung diente eine sorgfältige Auftragung auf Millimeterpapier in natürlicher Größe. Aus dieser Zeichnung wurden die Tiefen an den näher untersuchten Schnitten entnommen und ebenso die Winkel α der Stromrichtung, für die näherungsweise in jedem Querschnitt ein Mittelwert eingeführt wurde. Für diesen wurde oberhalb des Absturzes die halbe Neigung zwischen der Wasseroberfläche und der Waagerechten, im Gebiet des Strahles der Mittelwert zwischen den Neigungen der oberen und unteren Strahlfläche gewählt.

Um das Energieliniengefälle zu bestimmen, wurde, wie Abb. 15 zeigt, das ganze Meßprofil nochmals aufgetragen, und zwar diesmal in zehnfach überhöhtem Maßstabe. Hierbei wurden

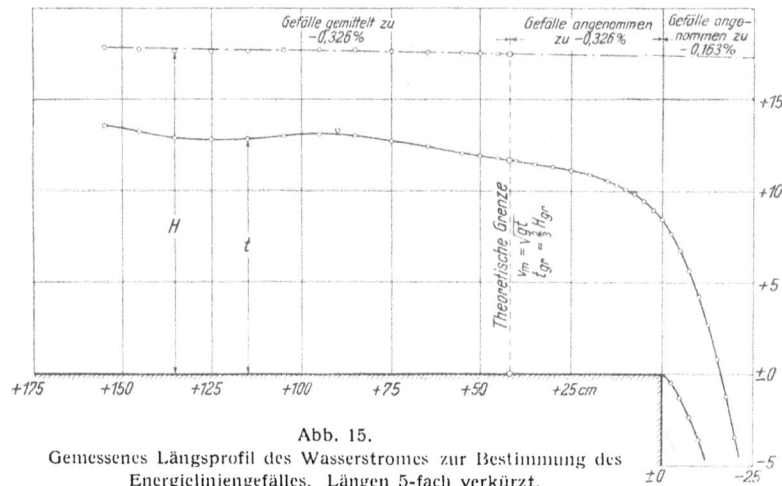

Abb. 15.
Gemessenes Längsprofil des Wasserstromes zur Bestimmung des
Energieliniengefälles. Längen 5-fach verkürzt.

zunächst die durch die lotrechte Querschnittseinengung sich einstellenden Reaktionswellen deutlich sichtbar. Für jede gemessene Tiefe oberhalb des kritischen Querschnittes wurde aus der Beziehung:

$$H = t + \alpha_u \frac{Q^2}{2\,g\,t^2}$$

die Energielinienhöhe H berechnet, unter der Annahme, daß α_u wegen der glatten Linienführung des Kanales gleich 1,0 ist. Diese geringe Ungenauigkeit hat keinen merklichen Einfluß auf das Energieliniengefälle. Die Wellen in der durch die so bestimmten Energielinienpunkte gezogenen Kurve wurden erheblich kleiner als die des Wasserspiegels, so daß als wahrscheinliches mittleres Energieliniengefälle eine gerade Linie durch die errechnete Energielinienhöhe im kritischen Querschnitt gezogen werden konnte. Hieraus wurde ein Energieliniengefälle von 0,326% ermittelt. Es wurde dann angenommen, daß dieses Gefälle auch für die anschließenden 41,67 cm bis zur Abfallkante fortgesetzt werden konnte und daß es weiterhin bis auf eine Strecke in den Strahl hinein in halber Größe, d. h. mit 0,163% in die Betrachtung eingeführt werden konnte. Es ist unwahrscheinlich, daß durch diese Annahme ein größerer Fehler begangen wurde als der Messungsgenauigkeit entspricht, da das Gesamtgefälle auf die Strecke vom kritischen Querschnitt bis zur Abfallkante (41,67 cm) bei 0,326% Gefälle nur 0,136 cm betrug.

2. Wand- und Sohlendruckmessungen.

Die bei den Wand- und Sohlendruckmessungen erhaltenen Druckhöhen sind in Plan II dargestellt. Die Kurve der Sohlendrücke ist wahrscheinlich sehr genau, da alle gemessenen Werte auf einer stetig verlaufenden Linie liegen (s. Abb. 18). Die Druckdiagramme der Wandmeßstellen ergeben stromabwärts bis zu Querschnitt —12,0 ziemlich stetige Kurven, doch waren die Dreiecksgrundlinien im allgemeinen etwas kleiner als es den Sohlendrücken entsprach. Die Abweichungen in den Meßwerten an den Stellen — 12,0 bis — 20,0 sind entweder der Unvollkommenheit der Öffnungen selbst, verstärkt durch die große Geschwindigkeit, oder den Ablenkungen des Wasserstromes nach der Strahlmitte hin zuzuschreiben. An den Seiten zeigt der Strahl nämlich die Neigung sich abzurunden, so daß hier die Stärke des Strahles beträchtlich kleiner war als in der Mitte.

Bemerkenswert ist, daß alle berechneten Sohlendrücke, die auf Tabelle I zusammengestellt sind, fast vollkommen mit den an der Sohle gemessenen Drücken übereinstimmen. Die nach Formel (12) berechneten Druckflächeninhalte stimmen verhältnismäßig gut mit den an den Wandmeßpunkten ermittelten überein, nur sind alle etwas größer als die wirklich gemessenen. Daß die Sohlendrücke und die Rechnungswerte ähnlich und etwas größer sind als die gemessenen Wanddrücke läßt vermuten, daß die Drücke im unteren Teil des Wasserstromes direkt an der Wand kleiner sind als der Mittelwert für den ganzen Querschnitt. Da die Meßwerte für die beiden mittleren Punkte im Querschnitt — 12,0 annähernd mit denen der Rechnung übereinstimmen, wurde mit ihnen das Diagramm für diesen Querschnitt entworfen.

3. Verbesserte Pitotrohrmessungen.

Es wurde bereits erwähnt, daß mit dem kurzen doppelten Pitotrohr fehlerhafte Ergebnisse erzielt wurden. Beachtenswert ist, daß das Druckmeßrohr sogar im kritischen Querschnitt an der Sohle zu hohe und an der Oberfläche zu geringe Werte ergab. Im Strahl kam diese Tendenz so stark zur Geltung, daß sich der größte Druck am unteren Ende des Schnittes zeigte, wo er den Wert Null hätte erreichen müssen. Es wurden daher Versuche mit Öffnungen oben und unten oder an beiden Seiten des Rohres unternommen, aber beide ergaben beträchtliche Abweichungen. Die so erhaltenen Ergebnisse wurden für Querschnitt ± 0,0 zum Vergleich mit dem längeren Pitotrohr in Abb. 16 gemeinsam dargestellt.

Die letztere, derart lang ausgebildete Röhre, daß das Vertikalgestänge keinen Einfluß mehr auf den Abflußvorgang an der Meßstelle ausüben konnte, ergab hingegen zu geringe Werte im Gebiete großer Geschwindigkeiten; ungefähr stromaufwärts von Querschnitt + 5,0 waren die Messungen ziemlich zuverlässig, nur unterhalb dieser Stelle wurden sie stets kleiner als die sowohl bei den Sohlen- wie auch bei den Wandmeßstellen abgelesenen Drücke. Wahrscheinlich ist dies der anwachsenden Geschwindigkeit zuzuschreiben, da die Abweichungen in dem unteren Teil des Wasserstromes, wo die Geschwindigkeiten schnell zunahmen, stets größer waren. Diese Ungenauigkeit ist

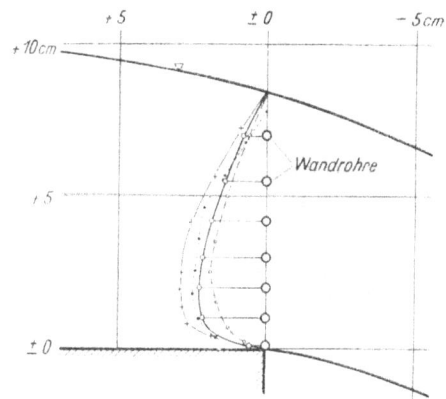

Abb. 16. Vergleich der Wanddruckmessungen mit den Pitotmessungen im Querschnitt ± 0,0. Wanddruckmessungen ○——○——○ Pitotmessung: 1. Kurzes Rohr mit a) seitlichen Löchern +———+ b) Löchern oben und unten .———. 2. Langes Rohr ○——○——○

wohl auf die durch die Rohrspitze verursachte Stromspaltung zurückzuführen, da hierdurch ein kleiner Unterdruck an der Öffnung erzeugt wurde.

Die Größe der Ungenauigkeit der zuletzt beschriebenen Druckmessungsmethode war jedoch unwesentlich im Verhältnis zu der beim kürzeren Rohr, und daher gab diese Methode schließlich ein Mittel, um ein relatives Maß für die Druckverteilung im Querschnitt zu erhalten, wenn man diese entsprechend den Wand- und Sohlendruckmessungen von in der Nähe gelegenen Schnitten verbesserte. Zum Beispiel ersieht man aus einem Vergleich der mittels Wanddruckrohres bzw. mit dem Pitotrohr bestimmten Druckflächen für Querschnitt + 5,0 und ± 0,0 die zulässigen größten Korrektionsfaktoren, die für die zwischenliegenden Querschnitte Verwendung finden dürfen. In ähnlicher Weise können die Verbesserungen zwischen ± 0,0 und — 3,0, zwischen — 3,0 und — 7,0 usw. näherungsweise ausgeführt werden. Im letzten Querschnitt (— 20,0) zeigte das Pitotrohr einen größten Druck von 0,11 cm in einer Gegend, wo auf Grund der Berechnungen der Druck fast vernachlässigt werden kann.

Mit dem Gesamtenergierohr (Staurohr) des kurzen doppelten Pitotrohres wurden sehr gute Kurven ermittelt, die aber vermutlich ebenfalls wie bei dem Druckhöhenmeßrohr durch das lotrechte Gestänge beeinflußt wurden. Die Meßergebnisse mit dem längeren Gesamtenergiemeßrohr lagen in der Regel bei Betrachtung der Verbindungskurve der Meßpunkte nicht ganz so gut, sie wurden dennoch als die wahrscheinlicheren vorgezogen, da anzunehmen war, daß das längere Rohr am unabhängigsten von äußeren Störungen arbeitet. Es muß jedoch betont werden, daß die Abweichungen beim kurzen Gesamtenergiemeßrohr im Verhältnis zum längeren an der Oberfläche zu große und an der Sohle zu kleine Werte lieferte, also gerade umgekehrt wie bei den Druckhöhenmessungen. Dies ist wahrscheinlich auf den Einfluß des längeren im Abstande von 1,85 cm liegenden Druckhöhenmeßrohres zurückzuführen (s. Abb. 14).

Die Messungen mit dem langen Druckhöhenmeßrohr wurden nur in der Mitte des Kanales ausgeführt, da in dem Teil des Kanales, der mit diesem Gerät erreicht werden konnte (bis zu 1 cm von der rechten und 2 cm von der linken Wand), nur kleine Druckhöhenschwankungen bemerkt wurden. Mit dem Gesamtenergiemeßrohr wurden an vier Stellen (+ 100; + 41,67; + 20,0; + 1,0) 21 über den ganzen Querschnitt verteilte Punkte bestimmt, so daß je sieben Punkte in drei waagerechten Reihen von Wand zu Wand lagen. Die Längsprofile wurden aber immer in Kanalmitte gemessen. Mittels einer kleinen, zwischen je zwei dieser Querschnitte notwendigen Interpolation wurden alle Messungen mit dem Gesamtenergiemeßrohr verbessert, um die mittlere vertikale Verteilungskurve für jeden der dazwischen liegenden Querschnitte zu erhalten.

Jede dieser Kurven wurde dann in ihre Komponenten — Druck- und Geschwindigkeitshöhe — zerlegt und die Geschwindigkeitshöhenkurve weiterhin in die Geschwindigkeitskurve umgerechnet. Durch Vergleich der von der Geschwindigkeitskurve umschriebenen Fläche mit dem durch Multiplikation der Wassertiefe mit der mittleren Geschwindigkeit (berechnet aus Durchflußmenge dividiert durch die Tiefe) erhaltenen Wert wurde der Umrechnungsfaktor des Gesamtenergiemeßrohres bestimmt und die gemessene Geschwindigkeitskurve proportional der Geschwindigkeit verbessert. Nachdem der Flächeninhalt der verbesserten Geschwindigkeitskurve dem Rechnungswert gut angepaßt war, wurde wieder die Geschwindigkeitshöhen- und dann die Gesamtenergiekurve ermittelt. Auf diese Weise wurde die Form der ursprünglichen Kurve wiedererhalten, nur mit dem Unterschied der Umformung auf die wirkliche Größe.

IV. Auswertung der Versuche.

1. Diagramm der Energieverteilung.

Plan III stellt ein übersichtliches Diagramm aller Ergebnisse dar. Grundsätzlich ist dieses Diagramm das gleiche wie dasjenige der Abb. 5, nur entsprechen die Werte besser den tatsächlichen Verhältnissen. Alle Querschnitte sind in dem Diagramm so übereinander gelegt, daß ihre beiden Achsen — die Rinnensohle und die Querschnittslinie — entsprechend zusammenfallen. Daher liegen alle stromaufwärts von der Abfallkante gelegenen Querschnitte vollkommen über der Sohle, während die weiter stromabwärts gelegenen Schnitte jeweils in der Höhe des Strahles in diesen Schnitten aufgetragen sind.

In den Diagrammen sind enthalten: erstens die Sohlen- und Wanddruckmessungen zusammen mit den verbesserten Pitotrohrablesungen; zweitens die theoretischen Hilfswerte der Gesamtdruckflächen $\frac{P}{\gamma}$; und drittens die geringe Verbesserung einiger Kurven, die dazu vorgenommen wurde, um einen stetigen Übergang im ganzen Meßbereich zu erzielen, ohne dabei auf die gegenseitigen Verhältnisse der Flächen untereinander und auf ihre Übereinstimmung mit dem Rechnungswert zu verzichten. Daher enthält Plan III nicht nur eine Zusammenstellung der Versuchsergebnisse oder der theoretisch ermittelten Werte, sondern eher eine verbesserte Kombination beider, um so eine gute Übersicht über den wirklichen Verlauf des Abflusses bei diesem Sonderfall der Wasserbewegung zu erhalten.

Bei näherer Betrachtung des Planes III lassen sich bezüglich der Energieumformungen eine Reihe wertvoller Schlüsse ziehen. Das Diagramm enthält drei veränderliche Größen: Druckhöhe, Geschwindigkeitshöhe und geodätische Höhe und außerdem die Summe aller drei: die Gesamtenergiehöhe. Jede Änderung einer dieser Größen entspricht entweder einer entgegengesetzten Änderung von einer oder beiden der anderen (nach dem Bernoullischen Gesetz) oder einer ähnlichen Änderung der Gesamtenergiehöhe (z. B. die Verminderung der Geschwindigkeit infolge des Reibungsverlustes, die nur eine Verminderung der Gesamtenergie hervorruft).

Stromabwärtsgehend tritt die erste Energieumsetzung infolge der Sohlenreibung ein, die die Geschwindigkeiten in den unteren Teilen des Wasserstromes vermindert. In der idealen Flüssigkeit würde einer Abnahme der Geschwindigkeit ein Anwachsen des Druckes entsprechen, weil die Gesamtenergie konstant bleibt. In Wirklichkeit aber bedingt die Reibung einen Verlust an Gesamtenergie und der Druck bleibt oberhalb der kritischen Grenze statisch verteilt, wodurch eine plötzliche Abnahme im unteren Teile der Gesamtenergiekurve entsteht. Die Messungen bei Querschnitt + 100 ergaben eine Gesamtenergiekurve, bei der dieser untere Abfall nicht annähernd so ausgeprägt war wie bei dem kritischen Querschnitt, und Plan III zeigt einen stetigen Abfall in der Gesamtenergie an der Sohle bis zur Abfallkante hin. Daß diese Verminderung nur unmittelbar an der Sohle wahrnehmbar ist, zeigt, daß die Reibungsverluste sich nicht gleich über den ganzen Querschnitt erstrecken, was vorausgesetzt wäre, wenn für jeden Punkt die gleiche Gesamtenergie angenommen wird.

Ein Vergleich der theoretisch erhaltenen, in Abb. 6 dargestellten Druckverteilungskurven mit denen in Plan III, die sich auf die gemessenen Werte beziehen, führt scheinbar zur Annahme, daß der Reibungseinfluß auf die Geschwindigkeitsverteilung sich nicht auch auf die Druckverteilung erstreckt. Die berechneten Kurven sind zwar in Wirklichkeit nach der empirischen Formel (13) bestimmt, jedoch stützt sich diese auf die wirklichen Abflußbedingungen bei einem vollkommen reibungslosen Kanal. Wenngleich die Reibung eine von diesem Grenzfall beträchtlich abweichende Geschwindigkeitsverteilung hervorrufen könnte, ist die unter Annahme fehlender Reibung erhaltene Druckverteilung praktisch die gleiche wie die beim Vorhandensein einer starken Reibungswirkung[13]. Zu großes Gewicht darf jedoch auf diesen Punkt nicht gelegt werden, da sich Formel (13) auf eine angenommene Kurve stützt, die selbst für den idealen Fall der reibungslosen Durchströmung eines Kanales vielleicht nicht ganz zutrifft.

Die weitere Betrachtung von Plan III dürfte ergeben, daß die wechselseitige Änderung zwischen Druck- und Geschwindigkeitshöhe bis zur Abfallkante hin keinen bemerkenswerten Einfluß auf die Verteilung der Gesamtenergie über den ganzen Querschnitt besitzt. Außerhalb der eben betrachteten, von dem Reibungsverlust herrührenden Umwandlung, hat die Gesamtenergiekurve praktisch die gleiche Form sowohl bei Querschnitt — 20,0 wie auch beim kritischen Querschnitt, obgleich jedoch die Geschwindigkeitshöhenkurve eine größere Änderung in Gestalt und Größe durch die Umformung potentieller und Druckenergie in kinetische Energie erfährt[14].

Daher ist eine wichtige Annahme für den Abflußvorgang bei gekrümmten Stromlinien bestätigt: Mit Ausnahme der Wirkung der nicht zurückgewinnbaren Energieverluste bleibt die Gesamtenergie eines in Bewegung befindlichen Wasserteilchens konstant, und die Verschiebung der Energie von einem Teil des Querschnittes zum anderen kann höchstens durch Reibungswirkung erreicht werden, die wiederum weitere Verluste bedingt. Deshalb ist die andere häufige Annahme,

---

[13] Es ist bemerkenswert, daß die berechneten Kurven nicht immer mit den gemessenen Flächen oder den nach Formel (12) gefundenen eng übereinstimmen. Dies ist teils auf die äußerste Empfindlichkeit des Gliedes $\frac{v_m - v_o}{v_u - v_m}$ in Formel (13) zurückzuführen, die einen kleinen Fehler in der Tiefe sehr übertreibt, teils vielleicht auch auf die Nichtberücksichtigung des Geschwindigkeitshöhen-Ausgleichwertes.

[14] Die Gesamtenergiehöhenkurve ist in den alleruntersten Punkten der im Strahl gemessenen Querschnitte nicht ganz genau, da es unmöglich war, sehr nahe an der Unterfläche zu messen.

daß die Gesamtenergie gleichförmig über den Querschnitt verteilt sei, falsch, da sie eine sofortige Verteilung des Energieverlustes über den ganzen Querschnitt voraussetzt.

Vorstehende, sich auf sorgfältige experimentelle Messung stützende Erörterungen haben gezeigt, welche Beziehungen im allgemeinen zwischen Druck- und Geschwindigkeitsverteilung bei dem in vertikaler Richtung gekrümmten Abfluß bestehen: d. h., sobald die Wasserteilchen eine von der Geraden abweichende Bewegung besitzen, erzeugt die dadurch bedingte ungleichmäßige Beschleunigung eines jeden Teilchens im Strom eine nicht lineare Querschnittsdruckverteilung. Obgleich diese nichtlineare Druckverteilung streng genommen selbst für den Fall schwachgekrümmter Stromlinien gilt, ist sie nur dann von Bedeutung, wenn die relative Krümmung der von den Stromteilchen durchlaufenen Wege verhältnismäßig groß ist. Daher ist, im vorliegenden Beispiel des Abflusses über einem Absturz, obgleich die Druckverteilung bereits unmittelbar nach dem kritischen Querschnitt nach einer Kurve erfolgt, diese Abweichung von einer Geraden so unbedeutend, daß die Druckverteilung bis zu ungefähr 7 cm Abstand von der Abfallkante als praktisch linear betrachtet werden kann.

Überdies ist es aus der Theorie der Potentialströmung offensichtlich, daß die Geschwindigkeitsverteilung und die Druckverteilung in der Weise voneinander abhängig sind, daß eine Änderung in der Geschwindigkeit infolge äußerer Einflüsse sich auch auf den Druck auswirkt. Es kann, mit anderen Worten, nicht angenommen werden, daß die Druckverteilung unabhängig von der Änderung der Geschwindigkeitsverteilung infolge des Reibungsverlustes ist. Obgleich im vorliegenden Falle kein offensichtlicher Einfluß des Reibungsverlustes auf den Druck erkennbar ist, ist es dennoch wahrscheinlich, daß eine weitgehende Veränderung in der Geschwindigkeitsverteilung, die durch kleine Schwellen oder andere in die Sohle stromaufwärts von der Abfallkante eingebaute Hindernisse hervorgerufen wird, einen bemerkenswerten Einfluß auf die Druckverteilung im Gebiet der stärksten Krümmung haben würde.

2. Die wirkliche Höhe der Energielinie.

Nach dem Bernoullischen Gesetz ist der Gesamtgehalt an Energie in jedem Stromfaden konstant. Entspringen die Stromfäden in einem Gebiet durchweg konstanter Energie, so ist in idealer Flüssigkeit die Gesamtenergie auch in einem gegebenen Querschnitte durch den Wasserstrom konstant. Unter dieser Annahme kann die Größe der Energiehöhe in jedem Wasserteilchen durch eine einzelne Linie über dem Wasserstrom angegeben werden. In Wirklichkeit trifft dies nicht zu. Die Reibungsverluste äußern sich zunächst in einer Senkung der mittleren Energielinie von Querschnitt zu Querschnitt. Außerdem aber ist die Energie über jeden einzelnen Querschnitt nicht gleichförmig verteilt. Diese ungleiche Verteilung zeigt sich auch bei geradliniger Strömung durch eine ungleichmäßige Verteilung der Geschwindigkeiten.

Die Erkenntnis dieser Tatsache veranlaßte die Einführung eines Ausgleichswertes χ_u[15]), der den durch die Annahme gleicher Geschwindigkeiten im ganzen Querschnitt begangenen Fehler ausgleichen soll. Durch Multiplikation des Wertes $\frac{v_m^2}{2g}$ mit dem Ausgleichswert χ_u ergibt sich die tatsächliche mittlere Geschwindigkeitshöhe für den ganzen Querschnitt, d. h. die mittlere kinetische Energie auf die Einheit des Durchflusses. Geschwindigkeitshöhe und Wassertiefe zusammen ergeben dann bei geraden Stromfäden die mittlere Höhe der Energielinie. Der Geschwindigkeitshöhen-Ausgleichswert χ_u ist dem wirklichen Abfluß entsprechend unter stärkerer Berücksichtigung der größeren Geschwindigkeiten nach Th. Rehbock folgendermaßen abgeleitet[16]):

$$k = \frac{v^2}{2g}$$

---
[15]) Koch-Carstanjen, „Bewegung des Wassers".

[16]) Th. Rehbock, „Die Bestimmung der Lage der Energielinie bei fließenden Gewässern mit Hilfe des Geschwindigkeitshöhen-Ausgleichswertes".

$$k_m = \frac{1}{t} \int_0^t \frac{v}{v_m} \cdot \frac{v^2}{2\,g} \cdot d\,t = \alpha_u \frac{v_m{}^2}{2\,g}$$

$$\alpha_u = \frac{1}{Q\,v_m{}^2} \int_0^t v^3 \cdot d\,t \quad \text{wo } Q = \mathrm{m^3/s/m}$$

$$\text{oder} = \frac{1}{Q\,v_m{}^2} \int_0^F v^3 \cdot d\,F \quad \text{wo } Q = \mathrm{m^3/s}.$$

Ist die Änderung der Geschwindigkeit über den ganzen Querschnitt beträchtlich, dann muß der zweite Ausdruck benutzt werden, worin F den Flächeninhalt des Querschnittes bedeutet. Hat der Kanal eine große Breite und gleichbleibende Tiefe längs des Querschnittes, so daß die Seitenwände keinen merklichen Einfluß ausüben, so ist der erste Ausdruck anzuwenden.

Böß machte in der bereits erwähnten Schrift darauf aufmerksam, daß diese Methode der Berechnung der Höhe der Energielinie nicht anwendbar sei, wenn die Druckhöhe im Wasserstrom von der statischen Höhe verschieden ist[17]). Betrachtet man nämlich einen Punkt innerhalb des Wasserstromes, an dem die Druckhöhe beispielsweise nur halb so groß sei wie unter normalen Verhältnissen, so würde die zur Höhenlage des Punktes hinzuaddierte Druckhöhe nur in der halben Entfernung des Punktes von der Oberfläche liegen. Daher würde sich bei Hinzuaddieren der Geschwindigkeitshöhe zur Wassertiefe eine um die Größe des Unterdruckes zu hohe Lage der Energielinie ergeben. Dieser Fehler wird noch offensichtlicher, wenn man die Unterfläche des Strahles betrachtet. Hier wird die Geschwindigkeitshöhe nicht auf die obere Begrenzungsfläche des Strahles aufgesetzt, wie bei geradliniger Strömung, sondern auf die Höhe der Strahlunterfläche, da die Druckhöhe an dieser Stelle Null ist.

Daher muß im Falle gekrümmten Abflusses eine andere Methode angewandt werden, um die mittlere Energielinienhöhe zu erhalten, bei der die Druckverteilung mit berücksichtigt wird. Die einem Wasserteilchen zukommende Energiehöhe unter Voraussetzung eines sehr breiten Kanales mit ebener Sohle lautet:

a. Energielinienhöhe an irgendeinem Punkt

$$H = y + \frac{p}{\gamma} + \frac{v^2}{2\,g}.$$

Um einen Mittelwert für den Querschnitt zu erhalten, müssen in der zuvor beschriebenen Weise (s. oben) die den größeren Geschwindigkeiten angehörenden Geschwindigkeitshöhen stärker berücksichtigt werden. Daher nimmt die Gleichung für den gewissermaßen abgewogenen Mittelwert der Energielinienhöhe folgende Form an:

$$H_m = \frac{1}{t} \int_0^t \left(y + \frac{p}{\gamma} + \frac{v^3}{2\,g\,v_m} \right) d\,y$$

$$= \frac{1}{t} \left(\frac{t^2}{2} + \frac{P}{\gamma} + \frac{1}{2\,g\,v_m} \int_0^t v^3 \, d\,t \right).$$

b. Wirkliche mittlere Energielinienhöhe

Abb. 17. Bestimmung der wirklichen mittleren Höhe der Energielinie für Querschnitte im Bereich gekrümmter Stromfäden.

In Abb. 17 ist eine graphische Ermittlung dargestellt, die zur Auflösung dieses Ausdruckes führt. Abb. 17a zeigt die Methode, wie man die Gesamtenergie eines Punktes des Querschnittes

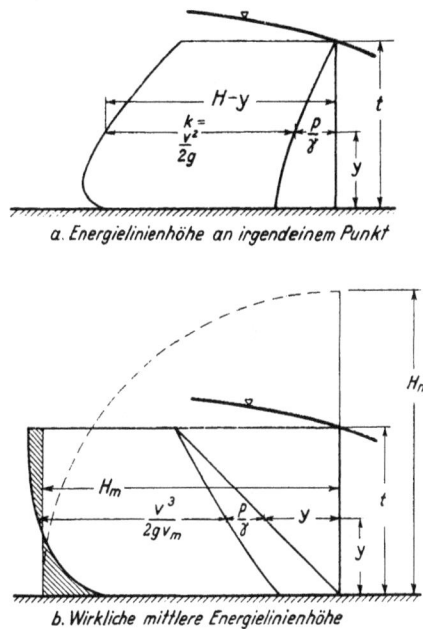

---

[17]) Böß, „Berechnung der Abflußmengen …“.

in üblicher Weise bestimmt, während Abb. 17b für den gleichen Querschnitt die Geschwindigkeits-höhenkurve unter stärkerer Berücksichtigung der größeren Geschwindigkeiten darstellt, so daß die mittlere Abszisse der Gesamtenergiefläche die wirkliche „abgewogene" Höhe der Energielinie für den ganzen Querschnitt angibt. Diesen Wert erhält man am besten durch Ausplanimetrieren und Dividieren der Fläche durch die Wassertiefe oder durch lotrechtes Abgleichen des linken Teiles der Abb. 17b, bis die kleinen schraffierten Flächen gleich sind.

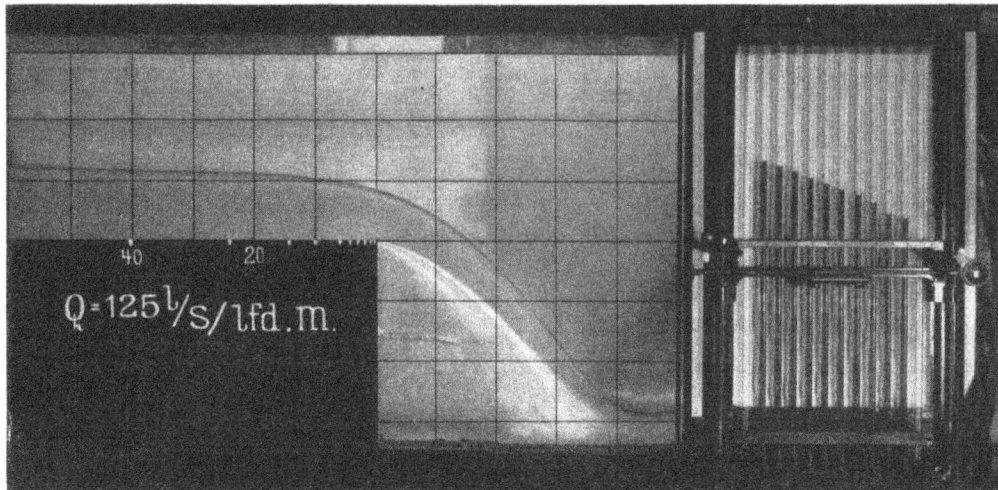

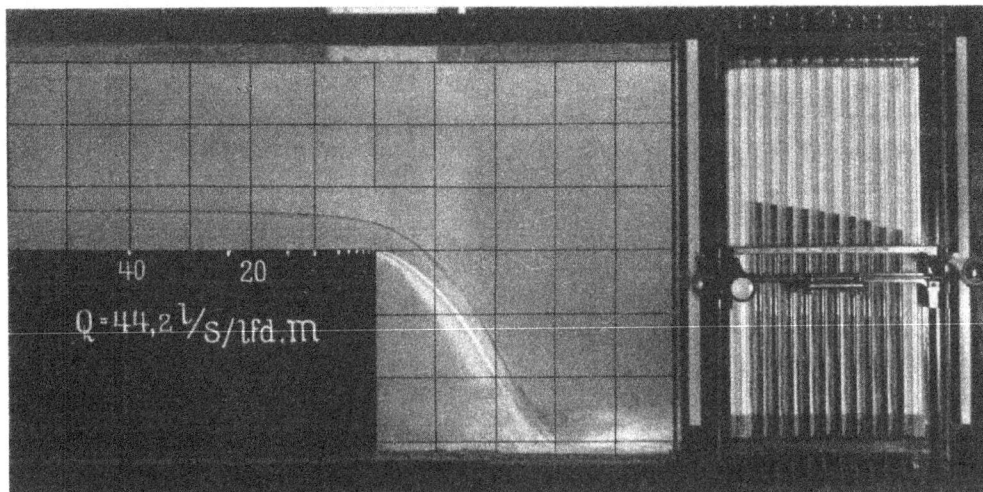

Abb. 18, 19. Aufnahmen des Absturzes unter einem Abfluß von 125 l/s/lfd. m bzw. 44,2 l/s/lfd. m. Die Piezometerrohre zeigen die Bodendrücke an den weiß markierten Stellen. Die Wandlöcher sind durch den Strahl erkennbar.

Das Glied $\dfrac{1}{2\,g\,t\,v_m}\displaystyle\int_0^t v^3\,dt$ in Formel (14) ist zwar identisch mit dem früher benutzten Wert $\alpha_u\dfrac{v_m{}^2}{2\,g}$, jedoch darf die so berechnete Geschwindigkeitshöhe in diesem Falle nicht unmittelbar auf den Wasserspiegel aufgesetzt werden, um die wirkliche Energielinienhöhe zu erhalten.

Diese Methode wurde auf die untersuchten Fälle, für den kritischen wie auch wieder für Querschnitt ± 0,0 angewandt, wobei die Ergebnisse 17,60 cm bzw. 17,43 cm erhalten wurden. Daß diese Werte mit den für die früheren Berechnungen benutzten Werten (17,52 und 17,38) so gut übereinstimmen, zeigt, daß die ursprüngliche Annahme ziemlich zutreffend war, und daß die angenommene Größe des Energieverlustes genügend genau war. Die geringe verbleibende Abweichung dürfte wenig Einfluß auf die Druckberechnungen haben und bei Gebrauch der Formeln (10) oder (12) im allgemeinen vernachlässigt werden können.

3. Ergänzungsversuche mit anderen Durchflußmengen.

Auf Grund des Ähnlichkeitsgesetzes kann zunächst geschlossen werden, daß alle bei dem Durchfluß von 125 l/s/lfd. m gemessenen Werte dazu verwendet werden können, die Verhältnisse bei jeder anderen Wassermenge zu bestimmen. Dies um so mehr, als die erfolgreiche Anwendung zur Bestimmung des wahrscheinlichen Längsprofiles bei der gegebenen Wassermenge auf Grund der bei den zwölf kleineren Durchflüssen der Vorversuche gemessenen Profile dies bereits bewiesen hat. Daher erstrecken sich alle in den vorhergehenden Erörterungen besprochenen Versuche nur auf diese eine Durchflußmenge.

Wenn auch die theoretische Berechnung mit den Messungen in diesem Falle hinreichend in Übereinstimmung war, so ist die Betrachtung dennoch unvollständig, wenn sie nicht auch noch auf andere Beispiele ausgedehnt wird. Um in dieser Hinsicht noch weitere Beweise zu haben, wurden noch bei drei anderen Abflußmengen (81,19; 44,19 und 8,74 l/s/lfd. m) Untersuchungen angestellt. Die ersten beiden sind so gewählt, daß die eindimensionalen Größen $\left(t, \dfrac{p}{\gamma} \text{ usw.}\right)$ genau ¾- bzw. ½ mal so groß waren als ursprünglich. Nach dem Ähnlichkeitsgesetz ist dann:

$$\left(\frac{t_a}{t_b}\right)^{\frac{3}{2}} = \frac{Q_a}{Q_b},$$

worin Q in l/s/lfd. m einzusetzen ist. Die Längsprofile, die Sohlendrücke und die Vertikaldruckverteilungen an der Abfallkante wurden wieder sorgfältig gemessen. Alle diese Werte können aus Abb. 20 ersehen werden.

Da die Druckmeßrohre für die ursprüngliche Durchflußmenge bestimmt waren, traten bei kleineren Durchflußmengen einige Schwierigkeiten auf, denn durch die Maßstabsverkleinerung wurde einmal die Zahl der verfügbaren Wandöffnungen vermindert und zweitens die in ihrer Konstruktion begründete Ungenauigkeit etwas vergrößert. Da die Versuche in der gleichen Rinne, also bei gleicher Sohlen- und Wandrauhigkeit, ausgeführt wurden, war der relative Wert der Rauhigkeit bei jeder Wassermenge ein anderer.

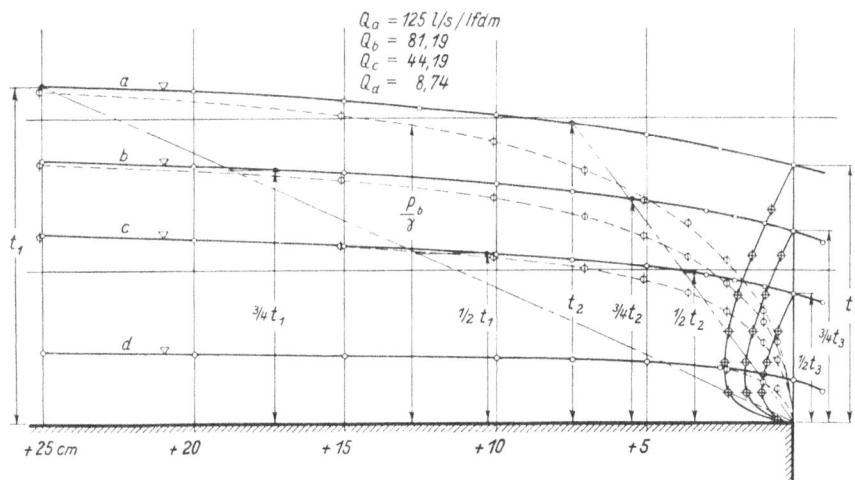

Abb. 20. Darstellung der Profillinien und Wand- und Bodendruckmessungen bei verschiedenen Abflußmengen.

3*

Die Auftragung in Abb. 20 zeigt jedoch, daß trotzdem in jedem Falle eine hinreichende Übereinstimmung erzielt wurde. Die gemessene Tiefe an der Abfallkante zeigte eine Abweichung von weniger als 0,02 cm gegenüber der erwarteten. Die Formeln der Druckverteilungskurven an der Abfallkante sind einander sehr ähnlich, sie unterscheiden sich nur ein wenig in den Größenverhältnissen.

Die Längsprofile und die Kurven des Sohlendruckes sind, nach dem ersten Anschein zu urteilen, nicht in allen Fällen die gleichen, da sie bei geometrischer Ähnlichkeit alle durch die Abfallkante gelegten geraden Linien in proportionale Teile zerlegen müßten. Die wahren Teilpunkte liegen, wie Abb. 20 zeigt, in den beiden Oberflächen für die kleineren Durchflußmengen — entsprechend ¾ bzw. ½ der ursprünglichen Tiefe — etwas rechts von den geraden Linien. Es ist dies ein Umstand, der bereits bei den Vorversuchen als auffallend bei den kritischen Grenzen erwähnt wurde. Dies ist bei den gleichbleibenden Kanalabmessungen und verschiedenen Abflußmengen dem veränderlichen Reibungsfaktor zuzuschreiben, zum Teil wohl auch dem verhältnismäßig größer werdenden Einfluß von Viskosität und Oberflächenspannung bei kleiner werdendem Durchfluß. Für die Tiefen t_1 und t_2 in Abb. 20 und die entsprechenden Tiefen bei kleineren Durchflußmengen stehen die zugehörigen Sohlendrücke in fast genau dem gleichen Verhältnis wie die entsprechenden Tiefen. Die Geschwindigkeitsverteilungskurven ähneln sich an der Abfallkante in ihrer Form und zeigen bei kleiner werdenden Durchflußmengen nur eine geringe Abnahme im proportionalen Größenverhältnis.

Daher ist die Annahme gerechtfertigt, daß das Ähnlichkeitsgesetz mit Ausnahme der Reibungswirkung am benetzten Umfang auf die Bestimmung der Druckverteilung bei anderen Durchflüssen nach den in dieser Abhandlung gegebenen Formeln angewendet werden darf.

4. Gebiet für weitere Forschung.

In den vorhergehenden Erörterungen ist die Energieverteilung insbesondere bezüglich der Druckenergie sowohl theoretisch wie experimentell für einen grundlegenden Fall gekrümmten Abflusses eingehend untersucht worden. Durch Gleichsetzung von Stützkraft und äußeren Kräften wurde eine praktische Methode zur Bestimmung des Druckes in einem beliebigen Querschnitt gefunden und am vorliegenden Beispiel nachgeprüft.

Diese Methode ist noch auf weitere Fälle anwendbar; so ist der Verfasser bereits zur Betrachtung anderer Beispiele übergegangen, bei denen stromabwärts der Abfallkante verschiedene Dammbegrenzungen vorgesehen sind, die zwischen einem sehr flachen Abfall und einem solchen schwanken, bei dem der Strahl sich an eine lotrechte Wand anschmiegt. Auch ein kreisförmiger Abfallrücken ist bereits untersucht worden. Ähnliche Untersuchungen über den Einfluß der oberwasserseitigen Wandausbildung zusammen mit der verwickelten Lösung des Abfallproblems bei Schwellen und Grundwehren würden eine wertvolle Ergänzung dazu bilden. Das scharfkantige Wehr ist in dieser Betrachtung als Sonderfall enthalten, womit der Verfasser sich schon beschäftigt, und zwar unter besonderer Berücksichtigung des Einflusses der Wehrhöhe auf die Strömungsverhältnisse. Bemerkenswert ist, daß der in dieser Arbeit untersuchte Fall als ein scharfkantiges Wehr mit der Höhe Null angesehen werden kann.

Weiterhin hat die theoretische Untersuchung der verschiedenen einzelnen Kräfte, die den Druck in jedem Punkte des gekrümmten Abflusses bedingen, wie auch die analytische Behandlung der einzelnen, die Beschleunigung der Teilchen verursachenden Kräfte zu einem allgemeinen Ausdruck dieses Vorganges in horizontalen und vertikalen Koordinaten geführt. Weitere Untersuchungen dürften wohl die Ausdehnung dieser Ausdrücke zum Zwecke der Herleitung brauchbarer Abflußgleichungen für den ganzen Strom unter beliebigen Abflußbedingungen einschließen.

C. Zusammenfassung.

Die des näheren in obiger Abhandlung erörterte Betrachtung des Wasserabflusses, bei dem eine senkrechte Krümmung des Wasserstromes auftritt, ergänzt und nachgeprüft durch Versuche an einem waagerecht überfluteten Damme mit belüftetem Abfallstrahl, können folgendermaßen kurz zusammengefaßt werden:

1. Sobald die Teilchen eines Wasserstromes von einer geradlinigen Bahn abweichen, ist der Druck nicht mehr statisch sondern im allgemeinen nach einer Kurve verteilt. Die Krümmung dieser Kurve ist allerdings nur bei stark gekrümmten Stromfäden merkbar und die Verteilungskurve kann sonst als geradlinige Funktion der Tiefe unter der Oberfläche angenommen werden.

2. Diese Änderung der normalen Druckverteilungskurve läßt sich folgendermaßen erklären:

   a) Die auf irgendein Wasserteilchen bei gekrümmtem Abfluß wirkende Beschleunigungskraft kann als die Vektorsumme zweier Komponenten betrachtet werden: einer Vertikalkomponenten, die gleich der Gravitationskraft auf das Teilchen ist und einer Komponenten, die die Größe und Richtung des maximalen Druckgefälles an diesem Punkte besitzt.

   b) Die Druckverteilungskurve ist die Summe zweier sekundärer Kurven, von denen die eine wahrscheinlich eine geradlinige Funktion der Tiefe ist und einen Maximalwert gleich dem Bodendruck in diesem Querschnitt besitzt, die andere eine nicht lineare Funktion der ungleichmäßigen Konvergenz und Geschwindigkeitsverteilung über den Querschnitt ist.

3. Der Gesamtdruck in einem beliebigen Querschnitt durch irgendeinen Wasserstrom kann nach den allgemeinen vom Impulssatz abgeleiteten Formeln berechnet werden:

$$\left(P_1 + \frac{\gamma Q^2}{g\, t_1}\right) - \left(P_2 + \frac{\gamma Q^2}{g\, t_2}\right) + \Sigma\,(p_b \cos \beta) - V_x = 0$$

$$\frac{\gamma Q^2}{g\, t_1}\, \mathrm{tg}\, \alpha_1 - \frac{\gamma Q^2}{g\, t_2}\, \mathrm{tg}\, \alpha_2 + G - \Sigma\,(p_b \sin \beta) - V_y = 0.$$

4. Für den Fall eines einfachen Wasserabsturzes mit belüftetem Strahl können diese Formeln vereinfacht werden zu:

$$P = \frac{2}{3}\, \gamma\, H_{Gr}^2 - \frac{\gamma Q^2}{g\, t} - \gamma\, t\, \Delta H$$

$$G - P_b = \frac{\gamma Q^2}{g\, t}\, \mathrm{tg}\, \alpha.$$

In dem Gebiet, wo die Druckänderung praktisch eine lineare Funktion der Tiefe ist, kann der Sohlendruck weiterhin auf Grund nachstehender Formel annähernd berechnet werden:

$$p_b = \frac{2\,P}{t}.$$

5. Mittels der empirischen Formel:

$$\frac{p}{\gamma} = H - y - \frac{1}{2\,g}\left[v_u - (v_u - v_o)\left(\frac{y}{t}\right)^{\frac{v_m - v_o}{v_u - v_m}}\right]^2$$

kann die Druckhöhe beim Abfluß über einen waagerechten Damm mit belüftetem Strahl für einen beliebigen Punkt mit guter Annäherung berechnet werden.

6. Die Höhe der wirklichen mittleren Energielinie in einem gegebenen Querschnitt ist im Falle gekrümmten Abflusses nicht gleich dem Ausdruck

$$H_m = t + \alpha_u \frac{v_m^2}{2\,g}\,,$$

sondern muß ermittelt werden aus der Beziehung

$$H_m = \frac{1}{t} \int_0^t \left(y + \frac{p}{\gamma} + \frac{v^3}{2\,g\,v_m} \right) d\,y$$
$$= \frac{t}{2} + \frac{P}{\gamma\,t} + \alpha_u \frac{v_m^2}{2\,g}\,.$$

7. Unter hinreichender Berücksichtigung der Reibungsbeziehungen kann das Ähnlichkeitsgesetz auf die Verhältnisse des gekrümmten Abflusses mit Sicherheit Anwendung finden; ausgenommen sind solche geringen Wassermengen, bei denen die besonderen Eigenschaften des Wassers (Viskosität und Oberflächenspannung) merkbaren Einfluß auf den normalen Abflußvorgang haben.

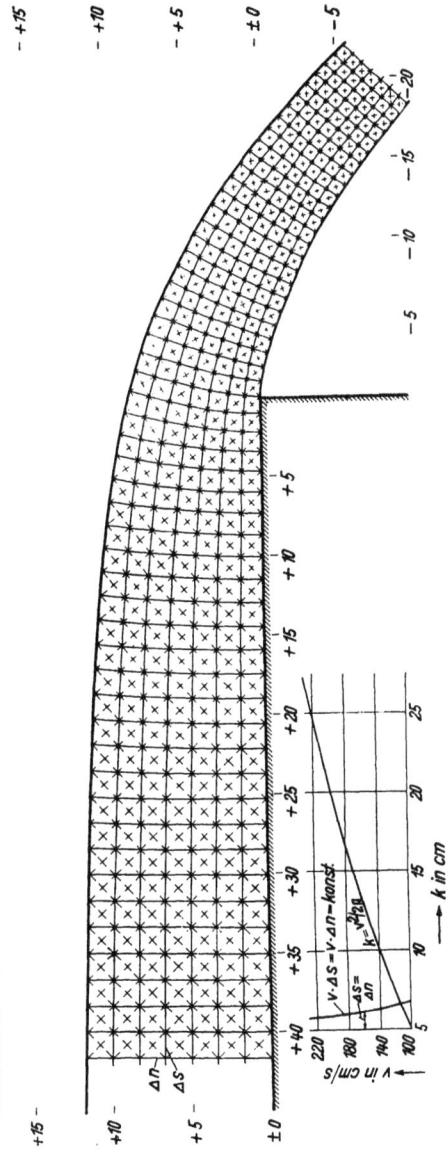

Plan I. Netzkonstruktion.

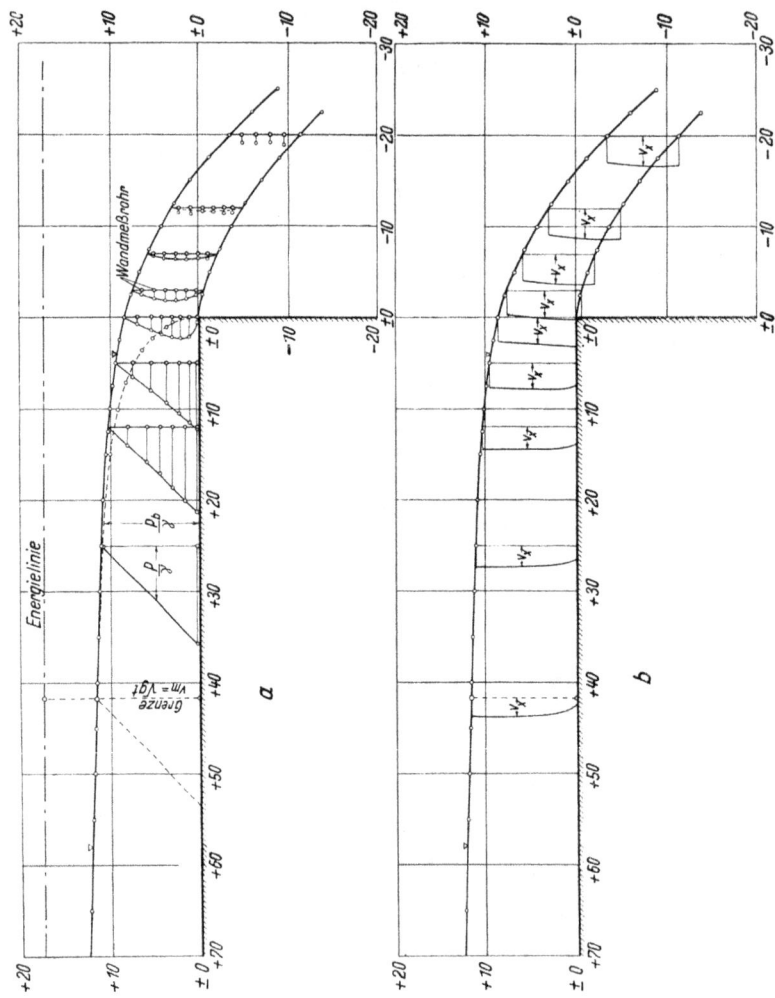

Plan II. a) Stromprofil im Bereich des Absturzes mit Darstellung der gemessenen Wand- und Bodendrücke.
b) Darstellung der horizontalen Komponenten der gemessenen Geschwindigkeiten Maßstab 1 cm = 1 m/s.

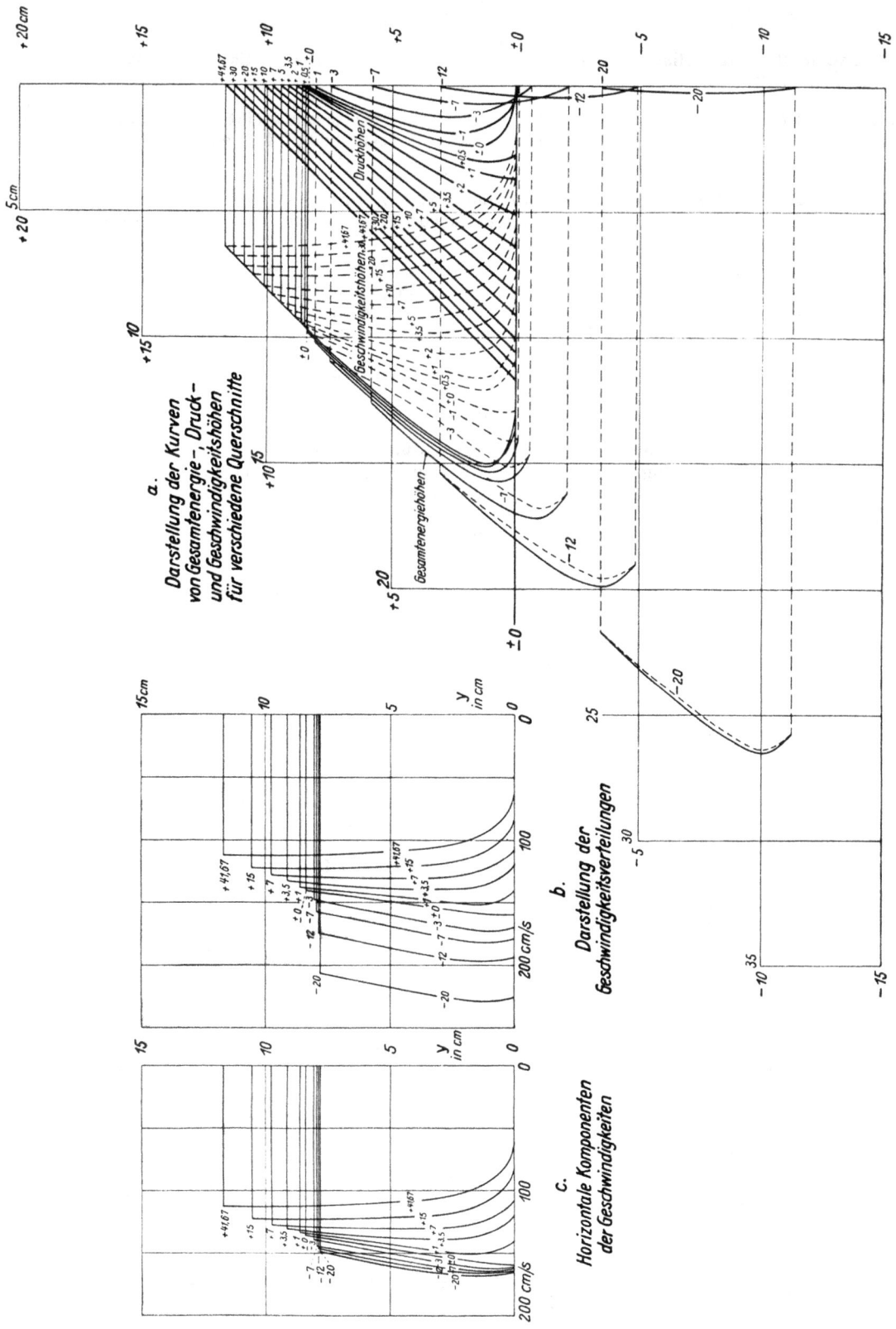

Plan III. Graphische Darstellung der Energieverteilung eines Stromes von 125 l/s/lfdm. ober- und unterhalb eines vollkommen belüfteten Absturzes.

a.

Darstellung der Kurven von Gesamtenergie-, Druck- und Geschwindigkeitshöhen für verschiedene Querschnitte

Druckhöhen

Geschwindigkeitshöhen

Gesamtenergiehöhen

b.

Darstellung der Geschwindigkeitsverteilungen

c.

Horizontale Komponenten der Geschwindigkeiten

Die wirtschaftlich günstigsten Rohrweiten. Ihre Bestimmung für die Fortleitung von Wasser, Wasserdampf und Gas. Von Dr.-Ing. R. **Biel.** 78 S., 12 Abb., 14 Zahlentaf., 7 Kurventaf. Gr.-8⁰. 1930. M. 10.80

Einführung in die theoretische Aerodynamik. Von Prof. Dipl.-Ing. C. **Eberhardt.** 144 S., 118 Abb. Gr.-8⁰. 1927. M. 7.20, Lw M. 8.50

Wehre und Sohlenabstürze. Berechnung der Unterwasserspiegellage und Kolktiefe bei den verschiedenen Abflußarten. Von Dr.-Ing. Josef **Einwachter.** 68 S., 35 Textabbild., 6 Taf. mit 22 Abb., 10 Zahlentaf. Gr.-8⁰. 1930. M. 6.30

Ergebnisse der Aerodynamischen Versuchsanstalt zu Göttingen. (Angegliedert dem Kaiser-Wilhelm-Institut für Strömungsforschung.) Herausgegeben von Prof. Dr.-Ing. E. h. Dr. L. **Prandtl** und Prof. Dipl.-Ing. Dr.-phil. A. **Betz**

    1. Lieferung. 3. Aufl. 144 S., 2 Taf., 91 Abb. Lex.-8⁰. 1925. M. 8.—, Lw M. 10.—
    2. Lieferung. 2. Aufl. 84 S., 102 Abb. Lex.-8⁰. 1929. M. 5.40, Lw M. 7.20
    3. Lieferung. 171 S., 149 Abb. 276 Zahlentaf. Lex.-8⁰. 1927. M. 13.—, Lw M. 14.80
    4. Lieferung. 153 S., 234 Abb., 127 Zahlentaf. Lex.-8⁰. 1932. M. 10.—, Lw M. 11.80

Forschungsinstitut für Wasserbau und Wasserkraft e. V. München. Mitteilungen
    Heft 1: 44 S., 44 Abb., 1 Taf. Lex.-8⁰. 1928. M. 4.—
    Heft 2: 3. Aufl. 71 S., 66 Abb. 1 Taf. Lex.-8⁰. 1933. M. 4.80

Berechnen und Entwerfen von Turbinen- und Wasserkraftanlagen. Mit einer Anleitung zur Anwendung des Turbinen-Rechenschiebers. Von Ing. P. **Holl.** Neu bearb. von Dipl.-Ing. E. **Glunk.** 4. Aufl. 197 S., 41 Abb., 6 Taf. Gr.-8⁰. 1927. M. 7.90, Lw M. 9.40

Rohre unter besonderer Berücksichtigung der Rohre für Wasserkraftanlagen. Von Dr.-Ing. Victor **Mann.** 220 S., 138 Abb. Gr.-8⁰. 1928. M. 10.30, Lw M. 12.10

Mitteilungen des Hydraulischen Instituts der Technischen Hochschule München. Herausgegeben vom Institutsvorstand Prof. Dr.-Ing. D. **Thoma**

    Heft 1: 96 S., 84 Abb., 1 Taf. Lex.-8⁰. 1926. M. 5.20
    „ 2: 79 S., 88 Abb. Lex.-8⁰. 1928. M. 5.20
    „ 3: 168 S., 233 Abb. Lex.-8⁰. 1929. M. 10.80
    „ 4: 104 S., 128 Abb. Lex.-8⁰. 1931. M. 6.40
    „ 5: 72 S., 76 Abb. Lex.-8⁰. 1932. M. 4.60
    „ 6: 64 S., 40 Abb. Lex.-8⁰. 1933. M. 4.20

Mitteilungen des Instituts für Strömungsmaschinen der Technischen Hochschule Karlsruhe. Herausgegeben vom Institutsvorstand W. **Spannhake.** Heft 1: 90 S., 67 Textabb., 79 Abb. auf Taf., 13 Diagramme. Gr.-8⁰. 1930. M. 7.20

Über Wasserkraftmaschinen. Ein Vortrag für Bauingenieure. Von Prof. Dr.-Ing. e. h. E. **Reichel.** 2. Aufl. 70 S., 58 Abb. Gr.-8⁰. 1925. M. 2.50

Wasserabfluß durch Stollen. Untersuchungen aus dem Flußbaulaboratorium der Technischen Hochschule zu Karlsruhe. Von Dr.-Ing. Ernst **Schleiermacher.** 60 S., 31 Abb., 3 Tab. Lex.-8⁰. 1928. M. 4.90

Untersuchungen über den Luftwiderstand. Ergebnisse von Versuchen an Eisenbahnzügen in Tunneln. Von Dr.-Ing. Karl **Sutter.** 79 S., 51 Abb., 25 Zahlentaf. Gr.-8⁰. 1930. M. 5.40

Veröffentlichungen der Mittleren Isar A.-G. München

    Heft 1: Modellversuche über die zweckmäßigste Gestaltung einzelner Bauwerke. 50 S., 83 Abb., 6 Taf. 4⁰. 1923. M. 2.80
    „ 4: Die Durchführung der Bauarbeiten beim zweiten Ausbau der Wasserkraftanlagen der Mittleren Isar A.-G. 67 S., 106 Abb., 4 Plantaf. 4⁰. 1930. M. 4.30
    „ 5: Die maschinellen und elektrischen Einrichtungen des zweiten Ausbaus der Wasserkraftanlagen der Mittleren Isar A.-G. Das Werk Pfrombach. 31 S., 33 Abb., 4 Plantaf. 4⁰. 1931. M. 4.80
    „ 6: Kläranlage und Fischteiche für die Münchener Abwässer. Von Oberreg.-Rat Dr.-Ing. Kurzmann. 43 S., 85 Abb. 4⁰. 1933. M. 4.—

R. OLDENBOURG / MÜNCHEN 1 UND BERLIN

www.ingramcontent.com/pod-product-compliance
Lightning Source LLC
Chambersburg PA
CBHW062017210326
41458CB00075B/6137